Low Carbon Sewage
Biological Treatment Technology

低碳污水生物处理技术

解舒婷 著

化学工业出版社

·北京·

内容简介

碳源不足是影响城市污水生物脱氮除磷效果的主要原因，如何在碳源有限的条件下实现良好的氮、磷去除是城市生活污水处理的一大难点。本书以低碳污水生物处理技术为主线，主要介绍了同步硝化反硝化除磷工艺，旨在揭示污水生物处理过程中污染物去除特性与功能菌群代谢活动，为解决低碳污水处理面临的高能耗、低效率问题提供思路。

本书可供污水处理工程技术人员、科研人员与管理人员阅读参考，也可供高等学校给排水工程、环境科学与工程及相关专业师生参阅。

图书在版编目（CIP）数据

低碳污水生物处理技术 / 解舒婷著. -- 北京：化学工业出版社，2024.11. -- ISBN 978-7-122-46293-0

I. X703.1

中国国家版本馆 CIP 数据核字第 2024L0K082 号

责任编辑：卢萌萌　金林茹　　　文字编辑：郭丽芹
责任校对：王　静　　　　　　　装帧设计：史利平

出版发行：化学工业出版社
　　　　　（北京市东城区青年湖南街 13 号　邮政编码 100011）
印　　装：北京科印技术咨询服务有限公司数码印刷分部
710mm×1000mm　1/16　印张 9¾　彩插 9　字数 156 千字
2025 年 2 月北京第 1 版第 1 次印刷

购书咨询：010-64518888　　　　售后服务：010-64518899
网　　址：http://www.cip.com.cn

凡购买本书，如有缺损质量问题，本社销售中心负责调换。

定　价：85.00 元　　　　　　　　　　　　　版权所有　违者必究

前言

随着我国水环境污染整治力度的加大，城镇污水处理厂氮、磷污染物排放标准日趋严格。而在污水厂实际运行中，由于受纳污水水质、水量的变化，季节温度等条件的影响，导致污水厂出水水质的波动，出水氮、磷难以达标。碳源不足是影响城市污水生物脱氮除磷的主要原因，如何在碳源有限的条件下实现良好的氮、磷去除是城市生活污水处理的一大难点。

同步硝化反硝化除磷（SNDPR）技术能够在单一反应器内实现低碳氮比城市生活污水碳、氮、磷的同步去除，受到了越来越多的关注，但目前对此认识不足。因此开展 SNDPR 工艺的相关研究并探索系统菌群结构调控具有重要意义。

本书旨在研究 SNDPR 工艺快速启动和长期稳定运行过程，并通过污染物去除和微生物群落演替规律，揭示污水氮、磷去除特性，基于 SNDPR 系统的反应过程分析，建立了 ASM2D 活性污泥反应动力学模型。为解决我国低碳含量污水处理面临的能耗高、效率低等问题提供新思路。

本书第 1 章介绍了污水生物脱氮除磷的研究背景，生物脱氮除磷原理与传统、新型工艺，生物处理模型发展与应用；第 2 章对同步硝化反硝化除磷工艺的快速启动条件、氮磷去除特性与微生物活性进行了探究；第 3 章介绍了高浓度亚硝酸盐对微生物群落结构、代谢活性的影响，观测、研究了生物脱氮除磷系统对高浓度亚硝酸盐暴露的代谢响应与污染物去除特性；第 4 章对聚磷菌在长期磷剥夺的情况下的代谢进行了研究，观测了"磷剥夺-供磷"对工艺脱氮能力的影响；第 5 章介绍了聚磷菌与聚糖菌的反硝化特性、电子传递链活性以及脱氮能力；第 6 章探究了在限氧环境下的同步硝化反硝化除磷的快速颗粒化以及功能菌的富集；第 7 章介绍了活性污泥反应动力学模型，通过模型揭示系统氮、磷的去除路径。

本书是著者在低碳污水处理领域研究成果的有机整合，研究内容受到山西省基础研究计划（自由探索类）项目（202303021212309），山西省住房和城乡建设厅科学技术计划项目（JJKJ2024020）的资助，在此表示感谢！感谢山西工程科技职业大学对笔者研究工作的支持与帮助！

限于著者水平及编写时间，书中存在不足和疏漏之处在所难免，敬请读者提出修改建议。

目录

001 | 第 1 章 绪论

1.1　研究背景　·　001
1.2　污水生物脱氮　·　002
　　1.2.1　传统生物脱氮原理　·　002
　　1.2.2　新型生物脱氮原理　·　004
1.3　污水生物除磷　·　008
　　1.3.1　生物除磷原理　·　008
　　1.3.2　反硝化聚磷与好氧聚磷　·　011
　　1.3.3　聚磷菌与聚糖菌的竞争　·　012
1.4　同步硝化反硝化除磷工艺　·　015
　　1.4.1　SNDPR 工艺污染物去除特征　·　015
　　1.4.2　SNDPR 工艺的运行条件　·　016
　　1.4.3　SNDPR 工艺的限制因素及解决策略　·　018
1.5　活性污泥数学模型及应用　·　019
　　1.5.1　活性污泥数学模型进展　·　019
　　1.5.2　活性污泥数学模型应用　·　020
1.6　课题主要研究内容及技术路线　·　022
　　1.6.1　研究内容　·　022
　　1.6.2　技术路线　·　023

025 | 第 2 章 SNDPR 系统的快速启动与氮磷去除特性

2.1　概述　·　025
2.2　材料与方法　·　026
　　2.2.1　反应器装置及运行模式　·　026
　　2.2.2　合成废水与接种污泥　·　027
　　2.2.3　分析方法　·　027

2.2.4　同步硝化反硝化（SND）效率计算　·　028
　　　2.2.5　微生物群落分析　·　028
2.3　结果与讨论　·　028
　　　2.3.1　SNDPR系统的碳、氮、磷去除特性　·　028
　　　2.3.2　强化释磷快速富集聚磷菌　·　030
　　　2.3.3　不同碳氮比下的氮磷去除特性　·　032
　　　2.3.4　微生物群落特性　·　034
2.4　本章小结　·　036

第3章
高浓度亚硝酸盐对SNDPR系统菌群的调控机制

3.1　概述　·　037
3.2　材料与方法　·　038
　　　3.2.1　试验装置与运行模式　·　038
　　　3.2.2　合成废水　·　039
　　　3.2.3　分析方法　·　039
　　　3.2.4　FNA浓度计算　·　039
3.3　结果与讨论　·　040
　　　3.3.1　高浓度亚硝酸盐对系统氮磷去除的影响　·　040
　　　3.3.2　高浓度亚硝酸盐下系统的应激反应　·　042
　　　3.3.3　高浓度亚硝酸盐对系统微生物群落的影响　·　043
　　　3.3.4　亚硝酸盐策略对SNDPR系统的作用机理探究　·　045
3.4　本章小结　·　046

第4章
磷剥夺对SNDPR系统的影响

4.1　概述　·　048
4.2　材料与方法　·　048
　　　4.2.1　试验装置与运行模式　·　048

        4.2.2 合成废水 · 049
        4.2.3 分析方法 · 050
    4.3 结果与讨论 · 050
        4.3.1 聚磷菌对磷剥夺的响应 · 050
        4.3.2 磷剥夺对系统污染物去除的影响 · 052
        4.3.3 磷恢复后系统污染物的去除特征 · 054
        4.3.4 磷剥夺对系统微生物群落的影响 · 056
    4.4 本章小结 · 059

060 | 第 5 章
聚糖菌与聚磷菌的反硝化特性与代谢机制

    5.1 概述 · 060
    5.2 材料与方法 · 061
        5.2.1 试验装置与运行模式 · 061
        5.2.2 合成废水 · 061
        5.2.3 分析方法 · 062
    5.3 结果与讨论 · 063
        5.3.1 不同系统的污染物去除特征 · 063
        5.3.2 不同系统下 NADH 的积累特征与亚硝酸盐反硝化特征 · 066
        5.3.3 NADH 的积累和 DPAOs 和 DGAOs 对亚硝酸盐应激反应的产物 · 067
    5.4 本章小结 · 070

071 | 第 6 章
限氧同步硝化反硝化颗粒污泥系统的性能探究

    6.1 概述 · 071
    6.2 材料与方法 · 071
        6.2.1 试验装置与运行模式 · 071
        6.2.2 批次试验 · 072
        6.2.3 分析方法 · 073
        6.2.4 计算 · 074
    6.3 结果与讨论 · 075
        6.3.1 系统污泥特性 · 075

6.3.2 系统中 COD, N, P 去除特征　·　078
6.3.3 系统氮磷代谢路径　·　083
6.3.4 微生物群落分析　·　086
6.3.5 低氧颗粒形成及其优势　·　087
6.4 本章小结　·　089

第 7 章
SNDPR 系统模型研究

7.1 概述　·　090
7.2 材料与方法　·　090
 7.2.1 试验数据　·　090
 7.2.2 模型参数敏感性分析方法　·　091
 7.2.3 模型参数的智能优化方法　·　093
 7.2.4 模型评估方法　·　094
7.3 模型进展　·　095
 7.3.1 模型组分的确定　·　095
 7.3.2 模型化学计量学矩阵的建立　·　096
 7.3.3 模型动力学表达式的建立　·　103
 7.3.4 模型参数　·　106
7.4 模型参数的校准和智能优化　·　108
 7.4.1 模型关键参数的挑选和取值范围　·　108
 7.4.2 厌氧贮存内源反硝化和厌氧释磷反硝化聚磷过程　·　110
 7.4.3 好氧聚磷和外源反硝化过程　·　115
7.5 模型结果分析　·　121
 7.5.1 An/A 过程分析　·　121
 7.5.2 An/MO 过程下好氧聚磷分析　·　124
 7.5.3 An/MO/A 过程分析　·　125
 7.5.4 模型评估分析　·　127
 7.5.5 SNDPR 系统除磷机理分析　·　132
7.6 本章小结　·　135

参考文献

第1章 绪 论

1.1 研究背景

近年来,随着生活水平不断提高,工业产业迅速发展,生产生活产生了大量的污废水,市政污水若不能达标排放,将对河流、湖泊等受纳水体的水质产生不利影响。根据中华人民共和国生态环境部 2021 年 5 月发布的《2020 中国生态环境状况公报》统计,在地表水 1937 个监测水质断面中Ⅳ类、Ⅴ类和劣Ⅴ类地表水分别占比 13.6%、2.4% 和 0.6%,化学需氧量、总磷和高锰酸盐指数为主要污染物;在对河流的 1614 个水质断面监测中,Ⅳ类、Ⅴ类和劣Ⅴ类水质断面分别占比 10.8%、1.5% 和 0.6%,主要污染指标为化学需氧量、高锰酸盐指数和五日生化需氧量。在 112 个重要湖泊(水库)监测中,Ⅳ类及以下占比 17.8%,其中劣Ⅴ类占比 5.4%,主要污染指标为总磷、化学需氧量和高锰酸盐指数。而在开展营养状态监测的 110 个湖泊中,有 23.6% 的湖泊轻度富营养,4.5% 的湖泊中度富营养,还有 0.9% 的湖泊重度富营养。由此可见,我国水质问题亟待解决,市政污水处理应严格把控出水氮、磷等污染物质的浓度,以减少对受纳水体的污染。

现行的《城镇污水处理厂污染物排放标准》(GB 18918—2002)中要求城镇污水处理厂的出水水质应满足一级 A 标准,要求出水总氮 $<15mg/L$,氨氮 $<5mg/L$,总磷 $<0.5mg/L$。而在污水厂实际运行中,受纳污水水质、水量的变化,季节温度等条件的影响,导致污水厂出水水质的波动,出水氮磷难以达标。同时,城镇污水中碳氮比一般在 3~5 波动,而传统生物脱氮需 6~8g(COD)/g(N),除磷需 10~15g(COD)/g(P)。因此,实际污水处理中有限的碳源导致了生物污水处理不稳定,氮磷去除不彻底,需额外大量投加易降解的碳源以供反硝化,导致运行成本高、效率低等问题。因此,如何高效稳定地实现低碳氮比污水的氮磷去除成为生物污水处理亟待解决的关键问题。

强化生物除磷（ehanced biological phosphorus removal，简称 EBPR）技术通过富集聚磷菌，能有效地实现氮磷的去除。近年来，同步硝化反硝化除磷（simultaneous nitrification denitrification and phosphorus removal，简称 SNDPR）技术在生物脱氮除磷中备受关注，其可以在单一反应器中实现氮磷的同步去除，同时厌氧/好氧/缺氧交替循环的工况可以充分实现碳源的转化利用，有望成为高效灵活的污水处理工艺。

1.2 污水生物脱氮

污水生物处理依靠微生物对水中的污染物进行吸收降解，是现代污水处理中应用最广泛的方法。污水生物处理菌群多样性决定了其复杂的生化特征与代谢途径。因此，了解微生物氮、磷的代谢机制与去除路径对污水生物处理工艺的改进尤为重要。

1.2.1 传统生物脱氮原理

传统生物脱氮技术主要是指依靠硝化过程和反硝化过程，将氨氮转化为氮气来实现脱氮的技术，硝化过程主要由氨氧化细菌（ammonia oxidizing bacteria，简称 AOB）和亚硝酸盐氧化细菌（nitrite oxidizing bacteria，简称 NOB）将氨氮、亚硝酸盐氧化为亚硝酸盐、硝酸盐，而反硝化过程则由反硝化细菌将硝酸盐、亚硝酸盐转化为氮气，最终实现污水中氮的去除。

1.2.1.1 硝化过程

图 1-1 展示了硝化过程中污染物的代谢途径，在氨单加氧酶（ammonia-oxygenase，简称 AMO）的催化下，污水中的 NH_4^+ 被氧化为羟胺（NH_2OH），NH_2OH 在羟胺氧化还原酶（hydroxylamine-oxygenase，简称 HAO）的作用下被氧化为 NO_2^-，NH_2OH 到 NO_2^- 的氧化过程为微生物的生长提供能量。从氨氮到亚硝酸盐这一转化过程称为氨氧化过程，由 AOB 实现。NO_2^- 的氧化过程由 NOB 实现，在亚硝酸盐氧化酶（nitrite oxygenase，NOR）的作用下，NO_2^- 被氧化为 NO_3^-，并为 NOB 的生长提供能量，实现完整的硝化路径。硝化过程中 AOB 和 NOB 可以利用污水中的 CO_2、HCO_3^- 及 CO_3^{2-} 等作为碳源，为细胞生长提供碳骨架。

氨氧化（亚硝化）过程可用以下反应式来表示：

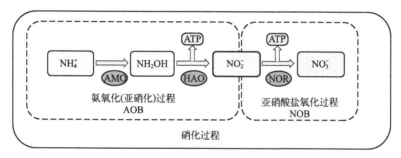

图 1-1 硝化过程机理示意图

$$NH_4^+ + 1.5O_2 \longrightarrow NO_2^- + 2H^+ + H_2O \qquad (1-1)$$

每氧化 1mol 的氨氮，需要消耗 1.5mol 的氧气，常温常压下大概需要曝入 160L 的空气以满足氨氮氧化为亚硝酸盐。

亚硝酸盐氧化过程见下式：

$$NO_2^- + 0.5O_2 \longrightarrow NO_3^- \qquad (1-2)$$

每氧化 1mol 亚硝酸盐，需要 0.5mol 的氧气提供电子，则需曝入 53L 的空气以完成亚硝酸盐的氧化。

总的硝化过程如下：

$$NH_4^+ + 2O_2 \longrightarrow NO_3^- + 2H^+ + H_2O \qquad (1-3)$$

1.2.1.2 反硝化过程

反硝化过程指的是细菌将硝酸盐、亚硝酸盐还原为氮气的过程，在这一过程中微生物利用胞内或环境中的有机物作为电子供体，硝酸盐、亚硝酸盐作为电子受体，进行缺氧呼吸，产生能量维持细胞生命代谢。

图 1-2 展示了反硝化过程中的代谢机制，污水中的硝酸盐需经细胞壁、细胞周质、细胞膜最后进入细胞质中，才能被硝酸盐还原酶（nitrate reductase，简称 Nar）催化为亚硝酸盐，Nar 位于细胞膜上，但其活性位点在细胞质内，因此，硝酸盐需进入细胞质才能进行还原。硝酸盐被还原为亚硝酸盐后，再经细胞膜扩散到细胞周质，经亚硝酸盐还原酶（nitrite reductase，简称 Nir）作用，还原为一氧化氮，之后由一氧化氮还原酶（nitric oxide reductase，简称 Nor）还原为氧化亚氮，随后再经氧化亚氮还原酶（nitrous oxide reductase，简称 Nos），还原为氮气。这一过程称为四步反硝化过程，反应式如下：

$$2NO_3^- + 4H^+ + 4e^- \longrightarrow 2NO_2^- + 2H_2O \qquad (1-4)$$

$$2NO_2^- + 4H^+ + 2e^- \longrightarrow 2NO + 2H_2O \quad (1\text{-}5)$$

$$2NO + 2H^+ + 2e^- \longrightarrow N_2O + H_2O \quad (1\text{-}6)$$

$$N_2O + 2H^+ + 2e^- \longrightarrow N_2 + H_2O \quad (1\text{-}7)$$

总的反硝化过程可用下式表示：

$$2NO_3^- + 12H^+ + 10e^- \longrightarrow N_2 + 6H_2O \quad (1\text{-}8)$$

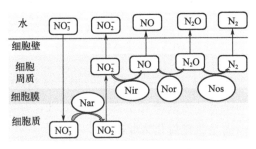

图1-2 反硝化过程机理示意图

微生物反硝化依靠电子传递链（electron transport chains，简称ETC）来将电子供给到各个还原酶（Nar、Nir、Nor、Nos），实现氮的还原。ETC由NADH脱氢酶（辅酶Ⅰ）、醌池、bc1辅酶（辅酶Ⅲ）、细胞色素c组成，电子通过辅酶Ⅰ、醌池、辅酶Ⅲ和细胞色素c从NADH转移到氮素还原酶中，实现对氮的还原。质子通过辅酶Ⅰ、辅酶Ⅲ（Q循环）去除，图1-3展示了典型的反硝化电子传递链（书后另见彩图）。

反硝化过程所需的能量需要有机碳源来提供，反硝化菌大多为异养菌，生命活动离不开有机碳源，当以污水中葡萄糖作为碳源时，其反硝化过程如下式：

$$NO_3^- + 0.21C_6H_{12}O_6 \longrightarrow 0.5N_2 + 1.25CO_2 + 0.75H_2O + OH^- \quad (1\text{-}9)$$

1.2.2 新型生物脱氮原理

1.2.2.1 短程硝化反硝化

传统的硝化-反硝化过程氨氮经亚硝酸盐，到硝酸盐，再被依次还原为亚硝酸盐、一氧化氮、氧化亚氮，最后到氮气。而亚硝酸盐自身可无需进一步向硝酸盐氧化，直接还原，经一氧化氮、氧化亚氮，到氮气。因此，可将传统的氨氧化-亚硝酸盐氧化-四步反硝化的脱氮工艺，缩短为氨氧化-亚硝酸盐反硝化的途径进行脱氮，这样可以节省曝气能耗以及反硝化所需碳源，图1-4展示了短程硝化反硝化的路线。

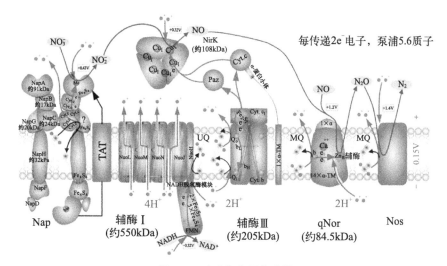

图 1-3　反硝化电子传递链

NapA—周质硝酸盐还原酶 A；NapB—周质硝酸盐还原酶 B；NapC—周质硝酸盐还原酶 C；NapD—周质硝酸盐还原酶 D；NapF—周质硝酸盐还原酶 F；NapG—周质硝酸盐还原酶 G；NapH—周质硝酸盐还原酶 H；TAT—双精氨酸转运；Mo—钼；NirK—铜型亚硝酸盐还原酶；qNor—醌型一氧化氮还原酶；UQ、MQ—醌池；Cyt. c—细胞色素 c；Cyt. c_1—细胞色素 c_1；Cyt. b 细胞色素 b；Paz—假天青蛋白；FMN—黄烷单核苷酸；NuoL—基因编码 NuoL；NuoM—基因编码 NuoM；NuoN—基因编码 NuoN；NuoJ—基因编码 NuoJ；NuoH—基因编码 NuoH；α—表示数量，无实意；b、b_3 b_L、b_H Q_i、Q_o—无实意，表示过程；NADH—还原型烟酰胺腺嘌呤二核苷酸；NAD^+—氧化型烟酰胺腺嘌呤二核苷酸；αTM—α-螺旋跨膜蛋白

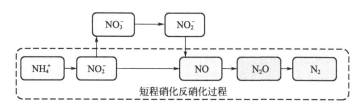

图 1-4　短程硝化反硝化路线

相比于全程硝化反硝化，短程硝化反硝化每氧化 1mol 氨氮，需曝给 160L 空气，而全程硝化反硝化需 213L 空气，短程硝化反硝化可节省大约 25% 的曝气能耗。完全反硝化 1mol 亚硝酸盐，需要 1.71mol 的理论需氧量（theoretical oxygen demand，简称 ThOD），而完全反硝化 1mol 硝酸盐，则需要 2.86mol ThOD。因此，短程硝化反硝化可节省约 40% 的碳源，更具环保、经济效益。

然而，由于 AOB 的合成代谢耗能大于 NOB，导致其生长速率低于 NOB，因此，不加干预时，系统内 NOB 的数量是大于 AOB 的，这导致系统自然状态下很难实现短程硝化反硝化,而进行全程硝化反硝化,加大了污水处理的能耗。如何将 NOB 从系统中去除或抑制其活性,是短程硝化反硝化技术的关键问题。根据 AOB 和 NOB 的代谢结构差异等,已寻找出可行的方式进行 AOB 的强化或 NOB 的抑制,实现系统短程硝化反硝化,常见的策略有低氧、高温、高氨氮、高亚硝酸盐、投加抑制剂等。

(1) 低氧

AOB 和 NOB 对氧的亲和力不同,AOB 的氧饱和常数为 $0.2\sim0.4$mg/L,而 NOB 的氧饱和常数远高于 AOB,达到 $1.2\sim1.5$mg/L。因此,将 DO 控制在较低的水平可以使 NOB 的代谢活动受到抑制,从而将氨氮氧化控制在亚硝化阶段。Zeng 等人通过将 DO 控制在 $0.3\sim0.5$mg/L,在 MUCT 工艺成功抑制了 NOB,实现了亚硝化。Laureni 等人将 DO 控制在 $0.15\sim0.18$mg/L,在主流 SBR 中实现了稳定的亚硝化。

(2) 高温

AOB 和 NOB 有不同的最适温度,因此,合理的控制温度范围可以使 AOB 的增长速率高于 NOB,使系统淘汰 NOB。AOB 的最适温度为生长速率随温度的升高而升高,AOB 的主要菌属 *Nitrosomonas* 的最适宜生长温度为 35℃,而 NOB 典型菌属 *Nitrobacter* 生长最佳温度为 38℃。通常,将温度控制在 $30\sim35$℃有利于 AOB 成为优势菌种。

(3) 高氨氮

在氨氮负荷较高的环境下,NOB 通常会被抑制,较容易形成亚硝化,这是由于高氨氮浓度容易产生较高的游离氨(free ammonia,简称 FA),而 FA 对微生物的生长活动有抑制作用,且 AOB 对 FA 的耐受度要高于 NOB,因此,在合适的 FA 水平下,可以不影响 AOB 的生长,仅抑制 NOB 的活性,从而实现部分硝化。

(4) 高亚硝酸盐

研究表明高亚硝酸盐浓度对 NOB 的抑制有显著效果,由于高亚硝酸盐浓度会产生高的游离亚硝酸(free nitrite acid,简称 FNA),FNA 有广泛的生物毒性,当 FNA 浓度达到 0.023mg/L 时,即可 100% 抑制 NOB 的代谢,而当 FNA 浓度达到 0.4mg/L 时,才会 100% 抑制 AOB。

(5) 投加抑制剂

羟胺、联氨等化学药剂的添加,可以实现全程硝化向亚硝化的转化。Zhao 等人研究表明羟胺抑制 NOB 活性的本质是通过羟胺添加产生的 NO 来实现对 NOB 的抑制,并且发现这种抑制是可逆的。Li 等人通过连续 5d 每天投加 5mg/L 的羟胺,达到了 95% 的亚硝化率,实现了亚硝化系统的快速启动。

1.2.2.2 同步硝化反硝化

同步硝化反硝化(simultaneous nitrification and denitrification,简称 SND)指在同一空间,同一时间发生硝化和反硝化反应,最初是在 20 世纪 80 年代,研究人员发现曝气同时伴随着氮的损失而发现的。

相比于传统硝化反硝化技术,SND 技术在同一空间内实现了硝化与反硝化,因此无需分开设立好氧区和缺氧区,有效节约了 30%~40% 的空间体积,减少占地面积,降低了构筑物建造成本。硝化反应与反硝化反应在同一时空进行,硝化反应消耗的碱度可由反硝化反应产生的碱度补充,这样有利于减少系统 pH 值的波动,有利于为生物的活动提供稳定环境。

SND 现象已经在 SBR、氧化沟、CAST 等多个系统中观测到,其作用机理主要有以下三种解释:

(1) 宏观缺氧理论

认为在单个反应器的内部,由于曝气、混合得不均匀,出现溶解氧水平的差异,因此在反应器内部某些区域形成了缺氧区域,这样同一反应器中会同时存在好氧/缺氧区域,为硝化、反硝化反应同时进行提供了可能。在 SBR 系统中,由于厌氧/好氧操作工况的交替,在好氧段初始,也会形成缺氧、好氧交替的环境条件。

(2) 微观缺氧理论

宏观缺氧理论是从反应器构筑物的结构、系统运行的工况等角度为系统同时存在好氧、缺氧区域提供了合理的解释。而微观缺氧理论则是从活性污泥本身的结构出发,无论絮状污泥或生物膜反应器、颗粒污泥等,氧气在其中的传质都会受到扩散梯度的影响,因此,会导致污泥不同位置的氧含量不同,那么污泥表面由于氧气浓度较高,就会形成硝化菌等好氧菌的富集,而内部则更适合反硝化菌的缺氧生长,因此形成生态位,可以为不同氧需求的微生物提供合理的生存环境,为同步硝化反硝化的发生提供了可能。

(3) 微生物学理论

宏观缺氧和微观缺氧均认为 SND 是由于有好氧、缺氧区的存在而实现的,而微生物学理论认为 SND 是在好氧反硝化菌的作用下发生的。*Paracocus sp.*,*Alcaligenes faecalis* 等可以在好氧环境下进行反硝化的菌种被成功分离出来，目前已发现的好氧反硝化菌有 *Klebsiella*，*Halobacterium*，*Psychrobacter*，*Agrobacterium* 等。

SND 的运行主要有 DO 浓度、污泥结构、有机物浓度等影响因素。

DO 浓度应控制在合适范围，DO 浓度过高，会导致系统内难以形成缺氧环境，抑制了反硝化菌，而 DO 浓度过低，则影响硝化菌的活性，使氨氮氧化不完全。SND 一般多发生在活性污泥 DO 水平在 0.5mg/L 左右，生物膜 DO 1.0mg/L 的系统中，但对不同的工艺，不同的系统，最适 DO 浓度仍需在实践中确定。

污泥结构指活性污泥的形态、絮体密实度、颗粒污泥的粒径大小等污泥性状，污泥的形态结构对污泥内部好氧、缺氧区的划分，对 DO、有机底物的传质都有着显著的影响。当絮体、颗粒尺度过小时，氧气极易扩散入污泥内部，破坏内部的缺氧区，导致反硝化难以进行。而絮体、颗粒过大，会导致氧气、有机物向内传质受到阻碍，不利于内部的菌群生长。

系统中有机物浓度对 SND 效果也有显著影响，有机物为系统脱氮提供能量来源，有机物浓度过低时，会导致反硝化缺乏足够的碳源难以完全反硝化，出水硝酸盐浓度增高，SND 效率降低。当系统有机物浓度过高时，需要大量曝气完成有机物氧化，会影响系统中好氧菌的生长，氨氧化过程被抑制，导致出水氨氮不达标，因此，合理地控制有机物浓度有利于系统提高 SND 效率。

1.3 污水生物除磷

生物除磷是指微生物将水中的磷转化为胞内聚磷，后通过排出富磷污泥实现污水中磷的去除。该过程主要依靠聚磷菌（phosphorus accumulating organisms，简称 PAOs）在交替厌氧/好氧（缺氧）环境下释磷/过量吸磷来实现。

1.3.1 生物除磷原理

强化生物除磷（enhanced biological phosphorus removal，简称 EBPR）技术依赖于 PAOs 的富集，PAOs 可以在厌氧环境吸收碳源，主要为挥发性脂肪酸（volatile fattyacids，简称 VFAs）如甲醇、乙醇、乙酸等，将其贮存为内源聚 β 羟基脂肪酸酯（poly-β-hydroxy alkanoate，简称 PHA），通

过水解胞内的多聚磷酸盐（Poly-P）和糖原（glycogen，简写为 Gly）为碳源的吸收供能，同时向环境中释放磷酸盐。在好氧/缺氧环境下，PAOs 可以利用氧气/NO_x 作为电子受体，水解 PHA 供能，从环境中吸收磷酸盐，在胞内合成 Poly-P 与糖原，最后通过排出富磷污泥的方式，实现磷的最终去除。图 1-5 展示了聚磷菌厌氧、好氧/缺氧代谢过程。

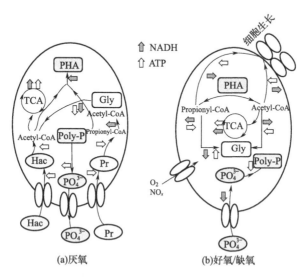

图 1-5　聚磷菌厌氧、好氧/缺氧代谢
TCA—三羧酸循环；Acetyl-CoA—乙酰辅酶 A；
Hac—乙酸；Propionyl-CoA—丙酰辅酶 A；Pr—质子

常见的 PAOs 包括 *Candidatus Accumulibacter*，*Tetrasphaera*，*Microlunatus phosphovorus*，*Dechloromonas*，*Thiothrix*，*Halomonas*，*Ca. Obscuribacter*，*Tessaracoccus bendigoensis*，Comamonadaceae 等，多为 Rhodocyclaceae（红环菌科）。PAOs 的标志性功能基因是磷酸激酶（phosphate kinase，简称 ppk）和磷酸水解酶（phosphate hydrolase，简称 ppx），ppk 和 ppx 的存在与否决定了微生物能否除磷，ppx 是一种负责将 Poly-P 水解成磷酸盐的酶，而 ppk 则是磷酸盐合成 Poly-P 的关键酶，*ppk1* 基因是唯一公认的通过将三磷酸腺苷（adenosine triphosphate，简称 ATP）去磷酸化为 Ploy-P 来合成磷的酶基因。PAOs 在好氧过程中合成糖原并分解 PHA，同时在细胞内形成 Poly-P，当糖原分解时，Poly-P 水解形成了磷酸盐，并在厌氧条件下释放到细胞外。Poly-P 和磷酸盐之间的转化是 PAOs 的本质特征，二者的转化需要还原力和 ATP，糖原和 PHA 代谢都可形成

ATP。糖原代谢途径包括糖酵解途径（Embden-Meyerhof-Parnas，EMP）、ED 途径（Entner-Doudoroff，ED）、戊糖磷酸（Hexose monophosphate，HMP）途径和三羧酸（Tricarboxylic acid，TCA）循环。PHA 包括聚羟基丁酸酯（polyhydroxybutyrate，简称 PHB）、聚羟基戊酸酯（polyhydroxyvalerate，简称 PHV）和聚羟基-2-甲基戊酸酯（polyhydroxy-2-methylvalerate，简称 PH_2MV）。

如图 1-6 所示，在厌氧段，PAOs 摄取 VFAs（以乙酸为例）时消耗的能量主要是来自质子动力（proton motive force，简称 PMF），乙酸吸收是通过 PMF 驱动的乙酸透性酶（acetate permease，简称 ActP）实现的。PMF 主要是通过磷酸盐透性酶（phosphate permease，简称 Pit）使质子（H^+）与 Ploy-P 水解时产生的磷酸盐同时向外排出而产生的。当质子与磷酸盐同向转移产生的 PMF 不足以支撑乙酸吸收时，PAOs 可以反向激活 F_1-F_0 ATPase 酶，通过消耗 ATP 以产生额外的 PMF 来实现乙酸的吸收。

图 1-7 展示了四种主要的糖原代谢途径。

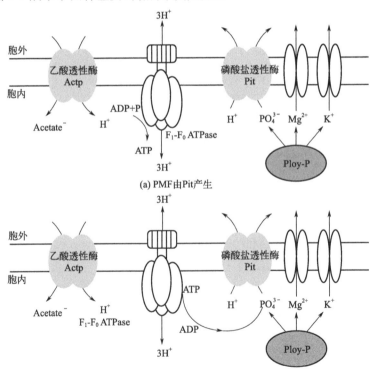

(a) PMF 由 Pit 产生

(b) PMF 由反向激活 F_1-F_0 酶水解 ATP 产生

图 1-6　PAOs 吸收乙酸盐机理示意图

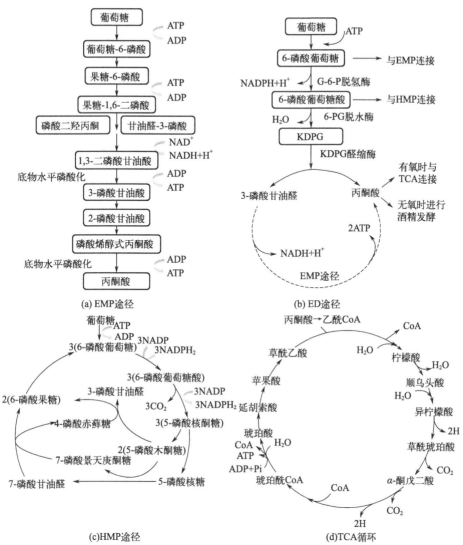

图 1-7 四种主要的糖原代谢途径

ATP—三磷酸腺苷；ADP—腺苷二磷酸；NAD^+—烟酰胺腺嘌呤二核苷酸（辅酶Ⅰ）；NADH—还原型烟酰胺腺嘌呤二核苷酸（还原型辅酶Ⅰ）；$NADPH/NADPH_2$—还原型烟酰胺腺嘌呤二核苷酸磷酸（还原型辅酶Ⅱ）；G-6-P—6-磷酸葡萄糖；6-PG—6-磷酸葡萄糖酸；KDPG—2-酮-3-脱氧-6-磷酸葡萄糖酸；NADP—烟酰胺腺嘌呤二核苷酸磷酸（辅酶Ⅱ）；CoA—辅酶A；Pi—无机磷酸

1.3.2 反硝化聚磷与好氧聚磷

有的 PAOs 可以利用氧气作为电子受体，在厌氧/好氧交替的环境中进行释磷/吸磷，这类 PAOs 称为好氧聚磷菌（aerobic phosphorus accumulating organisms，简称 APAOs），而还有部分 PAOs 可以在缺氧的环境中，以硝酸盐/亚硝酸盐作为电子受体吸磷，缺氧呼吸，提供能量进行吸磷，同时反硝化脱氮，这种聚磷菌称为反硝化聚磷菌（denitrifying phosphorus accumulating organisms，简称DPAOs）。

DPAOs的代谢与APAOs类似，只是二者吸磷时利用的电子受体不同，APAOs在吸磷过程中，以氧气作为电子受体，通过氧化PHA，为细胞生长供能，同时吸磷，而DPAOs则是在缺氧环境以硝酸盐/亚硝酸盐为电子受体，利用胞内PHA进行反硝化呼吸，为吸磷提供能量。DPAOs的代谢可以实现"一碳两用"，即内源PHA可以同时用以脱氮（反硝化）和除磷（吸磷），能有效地解决污水处理过程中碳源不足的问题，且极大减少了污泥产量，因而备受关注。

PAOs依据有无 *ppk1* 基因被分为两种类型（Ⅰ和Ⅱ），每种类型又分别有不同的进化枝（ⅠA～E，ⅡA～G）。所有的进化枝都具有氧代谢的酶，但DPAOs拥有亚硝酸盐、硝酸盐作为电子受体的酶。DPAOs可以在缺氧环境下进行反硝化吸磷，但对其反硝化呼吸的真正电子受体的探究仍未清晰。有学者研究发现，部分DPAOs可以用硝酸盐作为电子受体，而部分DPAOs只能用亚硝酸盐作为电子受体，而不能用硝酸盐。Albert Guisasola等人向富集的亚硝酸盐反硝化聚磷系统中投加硝酸盐，发现经过30天的硝酸盐投加驯化，系统仍然不能以硝酸盐作为电子受体进行反硝化。通过对典型PAOs *Candidatus Accumulibacter phosphotis* 的各个分支进行宏基因组分析，发现其进化枝ⅠA和ⅡA均未鉴别出编码硝酸盐呼吸还原酶的 *nar* 基因，但均携带可进行亚硝酸盐还原的 *nir* 基因，这一研究表明DPAOs的真正电子受体应该是亚硝酸盐。而一些系统中观测到可以利用硝酸盐反硝化聚磷现象的存在，可能是由于系统中有其他反硝化细菌，可将硝酸盐反硝化为亚硝酸盐，随后DPAOs利用亚硝酸盐进行反硝化吸磷。

Rhodocyclaceae（红环菌科）在磷的去除中起着重要的作用，常见的很多PAOs都属于Rhodocyclaceae，而DPAOs则更多地出现在 *Zoogloea* 属，*Zoogloea*、*Thauera* 和 *Dechloromonas* 等属都有反硝化脱氮能力，*Zoogloea* 和 *Dechloromonas* 都可以进行反硝化聚磷。*Thauera* 属是常见的反硝化菌，有文献报道其在EBPR中起着重要作用，可能与磷的去除有关。

1.3.3 聚磷菌与聚糖菌的竞争

与其他微生物相比，PAOs可以通过厌氧吸收有机物、贮存PHA，并在厌氧-好氧/缺氧环境下循环释放-吸收磷酸盐，这使得PAOs在与其他微生物竞争时占据优势。但是，一些微生物也可以在厌氧环境下贮存VFAs，从而威胁到PAOs的主导地位，甚至导致EBPR系统恶化。聚糖菌（glycogen accumulating organisms，简称GAOs）在EBPR系统中总是与PAOs相伴生长，与PAOs竞争可用的碳源，而不会对磷去除作出贡献，GAOs的过度生长被认为是影响EBPR稳定性的重要因素。与PAOs不同，在厌氧情况下，由于GAOs不进行释磷，其仅将糖原降解作为能量产生的途径，无需产生还原力，因此，在完全依赖糖原作为能源的情况下，摄取每单位VFAs的糖原消耗和PHA的产量会更高，GAOs的存在导致系统厌氧释磷量与碳源比降低。在随后的好氧段，GAOs利用PHA补充糖原，导致系统需要更多的碳源才能达到高的磷去除率。

厌氧条件的作用不仅是为PAOs提供有利的碳源，还可以使其淘汰其他异养菌。PAOs与GAOs对碳源的获取能力差异，决定了二者谁能在竞争中占据优势地位。PAOs和GAOs之间对碳源的竞争与P的去除和富集密切相关。GAOs在厌氧条件下竞争碳源，导致可用碳源减少，PAOs合成PHA不足。在好氧条件下，PHA的分解减少，导致还原力和ATP下降，不利于好氧P的吸收。在厌氧条件下，Poly-P以ATP的形式作为能量产生来源，其有3种产能机制：①ATP的直接催化。②通过ATP的联合作用产生ATP；一磷酸盐腺苷（AMP）和腺苷酸激酶实现Poly-P的水解。③由于不带电的金属磷酸盐复合物和质子的流出，通过质子动力产生ATP，同时释放磷酸盐、钾、镁等。大多数研究表明K∶P和Mg∶P的释放比为1∶3。质子动力作为细菌细胞质膜上的化学渗透梯度使物质进出细胞，其主要由两部分组成：①来自细胞质细胞膜侧和外部电荷差异产生的净负电荷的电势；②由细菌细胞质碱度导致的pH值的梯度。基本电化学梯度是由于细胞内离子浓度的释放以及Poly-P的降解，为细胞产生能量来源，每释放一个磷酸盐大约产生0.33 ATP。一些研究表明糖原分解也为PHA的生成提供了ATP，对于每释放1mol P水解产生的ATP数量仍有争议。

糖原转化为丙酮酸是另一种产能途径，主要经过EMP途径或ED途径进行。ED途径较EMP途径产生更多ATP。研究表明，PAOs糖酵解的主要途径为ED途径。糖原转化为丙酮酸，随后转化为乙酰辅酶A或丙酰辅酶A，产生两个ATP。然而，有研究表明，PAOs会利用TCA循环或者糖酵解途径作为还原力的产生来源。

厌氧阶段主要的耗能过程有外部碳源运输到胞内、PHA的产生以及细胞维持三种。PAOs吸收易生物降解的有机物，这个过程所需的ATP和还原力是由TCA循环通过Ploy-P分解或糖原分解产生的。完整的TCA循环会产生还原力FADH，随着PAOs富集，系统中还原力增加。

对于PAOs，在好氧/缺氧段，当电子受体存在时，厌氧贮存的PHA用于糖原的补充、PAOs的生长，以及Poly-P的合成，这使得胞内PHA水平降低，糖原和Poly-P浓度升高，而溶解性磷酸盐浓度降低，这一过程中所需的能量由PHA分解提供。而对于GAOs，在好氧/缺氧段，能量仅用于补充糖原和细胞生长。DPAOs在没有氧气的情况下可以使用硝酸盐和亚硝酸盐作为电子传输链终端电子受体。与氧气相比，硝酸盐作为电子受体时，能量产生效率降低了40%，使得缺氧情况下的细胞产率比有氧情况下降低了20%。

图1-8展示了在乙酸作为碳源的情况下PAOs与GAOs的代谢模型。

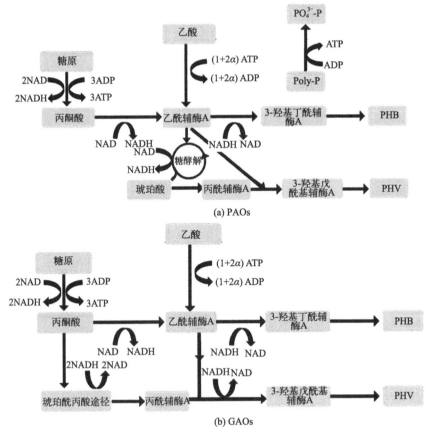

图1-8　PAOs和GAOs的厌氧代谢，以乙酸为例（α表示数量）

1.4 同步硝化反硝化除磷工艺

同步硝化反硝化除磷（simultaneous nitrification denitrification and phosphorus removal，简称SNDPR）工艺是将EBPR与SND工艺相结合，在单一反应器中实现碳、氮、磷的同步去除。

1.4.1 SNDPR工艺污染物去除特征

SNDPR工艺通常在厌氧/好氧/缺氧或厌氧/好氧的SBR中运行，厌氧段主要进行有机物的水解、吸收，Poly-P的水解与磷酸盐的释放。好氧段主要作用是氨氮的氧化与磷的吸收，此时氨氮被AOB氧化为亚硝酸盐后，被反硝化菌反硝化为氮气，实现脱氮。当好氧段SND效率较低时，可在好氧后置缺氧段进行反硝化，实现更好的氮去除。

SNDPR系统中氮的去除主要依靠AOB、NOB、DPAOs、DGAOs等细菌共同协作完成，其中AOB-DPAOs为最节能的脱氮路线，氨氮被氨氧化细菌氧化为亚硝酸盐后，被DPAOs用于缺氧吸磷，这个过程最大化利用了碳源，比AOB-NOB-DGAOs的路线节省了约40%的碳源，因此，将氮的去除更多地控制在AOB-DPAOs路径，是SNDPR实现低耗脱氮的关键。

SNDPR系统中磷的去除主要是由DPAOs和APAOs分别以NO_x和氧气作为电子受体吸磷实现。DPAOs因为在吸磷的同时还可以脱氮，实现一碳两用，因而更加节约能耗，富集系统中的DPAOs使其占据优势地位，也是SNDPR系统运行的重点、难点。

图1-9为SNDPR各工段污染物转化示意图。

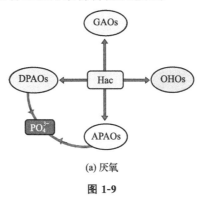

(a) 厌氧

图 1-9

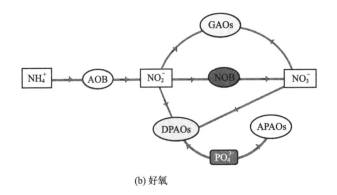

(b) 好氧

图 1-9　SNDPR 各工段污染物转化示意图（OHOs 为普通异养菌）

1.4.2　SNDPR 工艺的运行条件

SNDPR 工艺的稳定运行，依靠系统内各个功能菌的协同作用，系统的碳源、溶解氧（DO）、温度、污泥龄等多方面都会对系统的氮磷去除有影响，主要的控制条件有以下几点：

（1）碳源

碳源的种类对系统微生物群落的结构有很大影响，尤其与 PAOs 和 GAOs 的竞争有直接关系。Oehmen 等发现当系统长期以乙酸作为唯一碳源时，会存在大量的 GAOs，而丙酸则不易富集 GAOs。当碳源为乙酸、丙酸交替时，系统内几乎不会存在 GAOs。因此，碳源的交替使用也是实现系统内 GAOs 淘汰的有效方法。Wang 等人研究发现在高温条件下，丁酸盐可以为 PAOs 提供竞争优势，有利于 EBPR 系统的稳定，当碳源从乙酸盐换为丁酸盐时，系统内 Rhodocyclaceae 菌的占比显著提高，丁酸盐可用作碳源来促进 EBPR 并在高温下抑制 GAOs 的数量。PAOs 厌氧释磷率也与碳源种类有关，Chen 等通过对五个 EBPR 系统进行不同碳源的转化比较，发现在乙酸盐作为碳源的情况下，系统的厌氧释磷率明显高于丙酸盐、谷氨酸盐或天冬氨酸盐，乙酸盐系统中 P 释放与碳吸收的比率可以达到 0.11～0.43mol/mol。

进水 C/P 比对 PAOs 的生长也有影响，当 C/P 比较小时，有利于 PAOs 的生长而不利于 GAOs 的生长。Liu 等认为 C/P 比可以直接影响 PAOs 胞内 Poly-P 的含量，C/P 比低时，PAOs 胞内 Poly-P 的含量相对较高，因而可以较快地利用原水中的有机碳源。Nehreen Majed 等通过细胞分子与拉曼光谱技术，从细胞代谢层面证实了不同 C/P 对 EBPR 系统的影响，结果表明当 C/P 增加时，会使 PAOs *Accumulibacter* 丰度降低，GAOs *Candidate Competibacter* 丰度升高，而 GAOs *Defluviccoccus* 丰度无明显变化，高 C/P 比下，由于 P 浓度的限制，Poly-P 水解的供能降低。碳氮比对系统的稳定运行也至关重要，碳氮比低时，系统难以实现氮磷的去除，导致污染物去除率低，系统恶化；碳氮比过高，需要大量的曝气来实现有机物的氧化，可能导致氨氧化完全，同时过量的碳源会导致异养菌大量生长，污泥产量增加，而功能菌不占主导地位，使系统不能良好运行。

（2）溶解氧

最近的研究表明，BNR 系统对于非常低水平的 DO 浓度仍具有适应性，在非常低水平的 DO 下仍有硝化能力，实现氨氮的氧化。在污水生物处理中，曝气能量占总能耗的 30%～60% 以上，因此，控制曝气优化氧传质对于节能减排非常必要。低的 DO 水平除了降低曝气需求外，也提高了污染物去除的能力，使污水厂更具成本效益。

同时，低氧环境有利于抑制 NOB 的生长，实现短程硝化，节约碳源，将系统控制在低 DO 水平有利于对 NOB 的活性抑制，有助于系统脱氮；而 PAOs 对氧的亲和力高于 GAOs，在低氧环境下，PAOs 较 GAOs 有更强的适应性，低氧环境为 PAOs 提供了竞争优势，有利于将 GAOs 从系统中淘汰，从而更利于磷的去除。

（3）温度

温度对 PAOs 与 GAOs 的竞争起着显著影响，高温更有利于 GAOs 生长；Panswad 等人研究发现，当 EBPR 系统温度由 20℃ 升高到 30℃ 再到 35℃ 时，系统内的优势菌群由 PAOs（44%～70%）逐渐变为 GAOs（64%～75%），并接着变为普通异养菌（90%）。温度会影响 EBPR 系统的种群结构，且高温有利于 GAOs 的生长增殖，这可能是污水处理厂在夏天除磷性能变差的一个原因。Qiu 等人研究表明，当温度升高到 35℃ 时，PAOs 和 GAOs 的代谢率提高，导致对碳的利用量增大，菌落竞争加剧，从而导致系统的氮磷去除率降低，高温下增加进水 C/P 比有利于 PAOs 的富集生长。Wang 等提出丁酸盐可用作碳源来促进 EBPR 并在高温下抑制 GAOs 的数量。Brown 等人研究发现相对于干燥气候，潮湿天气更有利于 PAOs 的生长。

(4) 污泥龄

SNDPR 系统中不同微生物有不同的最适污泥龄，合理地控制污泥龄有利于富集目标菌群，Valverde 等将污泥龄控制在 3 天，实现了有效的碳磷去除，但系统中的氨氧化细菌也被淘汰；而污泥龄过长则不利于 PAOs 的竞争优势，因此 SNDPR 系统的污泥龄应依据系统性能动态调整，合理控制。

1.4.3　SNDPR 工艺的限制因素及解决策略

综合前文对生物氮磷去除机理的介绍，稳定高效实现 SNDPR 系统的污染物去除主要有以下几方面的关键限定因素。

(1) 碳源

碳源的充足与否是 SNDPR 系统最关键的限定因素，同时碳源中不同有机物的组成、氮负荷、碳氮磷的比例等问题都对系统污染物的处理效果有着重要影响。

传统的生物脱氮除磷工艺通常需要更高的碳源，以满足反硝化过程和除磷过程的能量消耗，同时为保障微生物的生长，碳氮比需要在 12~15，当碳氮比较低时，往往需要额外投加碳源以达到预期的氮磷去除效果。

而反硝化除磷技术中"一碳两用"，碳源充分地利用，实现同步脱氮除磷；短程硝化反硝化技术也可节省从硝酸盐到亚硝酸盐这一步的反硝化碳源消耗，比传统脱氮过程节省约 40% 的碳源。这两者在碳源不足的污水处理技术中均具有较为明显的优势，SNDPR 工艺将二者优势结合，能在有限的碳源下更高效地实现氮磷的去除。

(2) PAOs 与 GAOs 的竞争

PAOs 与 GAOs 总是相伴生长，二者在 EBPR 系统中难以分离。GAOs 可以实现氮的去除，提高系统的脱氮性能，但 GAOs 丰度过高时，会影响 PAOs 对碳的吸收，从而影响系统磷去除率，导致除磷系统崩溃。

系统中 GAOs 与 PAOs 的平衡是 EBPR 稳定运行的关键，通过强化 GAOs 厌氧条件下的内碳源储存作用，实现污水中有机碳源的有效利用，进而可实现在源头上避免碳源浪费等问题。同时要尽可能提供利于 PAOs 生长的环境，使磷得到有效的去除。Chen 等人通过将系统由 An/O 切换到交替的 An/O/A 模式，在有限的碳源下，实现了良好的污染物去除，氮、磷平均去除率分别为 84.57% 和 89.37%。化学计量分析表明，增加缺氧段增强了GAOs的细胞内糖原氧化以进行反硝化,这损害了其随后的厌氧碳源吸收和PHA储存,从而在接下来的厌氧段为PAOs提供了足够的碳源,有利于PAO在竞争中处于优势。

(3) 系统DO的控制

SNDPR系统中PAOs、GAOs、AOB及NOB的生长都需要溶解氧,需要合理地控制DO使其满足不同微生物的需求,使系统控制在一个合适的DO浓度值,可实现PAOs的好氧和缺氧吸磷过程、GAOs的缺氧反硝化过程、AOB的短程硝化过程,并同时能尽量避免NOB的亚硝酸盐氧化过程。

控制低氧条件,使污泥絮体或生物膜外部好氧硝化、内部缺氧反硝化的环境,从而实现同步硝化反硝化。如果将吸磷过程也控制在低氧条件下,且吸磷过程中存在NO_2^-或NO_3^-时,PAOs会同时利用DO和NO_2^-或NO_3^-为电子受体进行好氧和缺氧吸磷;此外,GAOs也可在缺氧条件下利用NO_2^-或NO_3^-为电子受体进行内源反硝化。因此,低氧条件下同时发生硝化、好氧吸磷、反硝化吸磷及内源反硝化是可行的。此外,结合SBR反应器操作灵活、工艺流程简单、易于调控等优点,通过实时控制和监测反应器内DO浓度和pH值变化情况,在低氧条件下,采用单污泥系统可实现污水的同步脱氮除磷。

1.5 活性污泥数学模型及应用

1942年Monod提出了微生物生长速度和底物浓度之间的关系Monod方程,活性污泥模型则是以Monod方程为基础,将微生物的生长、衰减、死亡再生、有机物的水解等过程统一结合建立的。在活性污泥的众多模型中,国际水质协会(IWA)推出的活性污泥数学模型(activated sludge model,简称ASM)发展最为成熟,应用最为广泛。

1.5.1 活性污泥数学模型进展

IWA在1987年首次推出了ASM1模型,提出以矩阵的形式表达模型,使所有的过程更加简洁、直观地展示出来,便于理解与接受。该模型采用了死亡-再生(death-regeneration)的方法对代谢残余物进行再次利用,对污水生物处理过程中的碳的氧化、氮的硝化和反硝化过程进行了很好的展示。

不过ASM1模型不包括磷的转化过程，只考虑氮与碳的去除。当时污水处理厂并未将磷列为主要的控制监测指标，因而ASM1并没有加入除磷模块，尽管当时已经有一些除磷过程的模型。ASM1模型更多地关注碳氮去除、系统运行过程中曝气强度的要求、污泥产量（生物量生成）的预测等方面。该模型的基本框架包括了碳氮去除、微生物衰减死亡等八个反应过程，并将所有涉及反应的物质分为了13个组分，构成了一个有8行13列的矩阵，矩阵每行列交会处，代表该组分在对应反应过程中的化学计量系数，可由电子平衡计算得出。同时各反应过程还给出了反应速率，可以用数值积分进行求解，对矩阵求解的过程就是对模型分析的过程。

1995年，IWA经过改进研究，推出了ASM2模型。ASM2模型将除磷模块纳入其中，在表达与算法上仍然延续着ASM1的矩阵表达形式与物质平衡算法。ASM2模型包含了生物除磷和化学除磷两大除磷板块，实现了对碳氮磷同步去除的模拟过程。随着对生物除磷过程进一步的理解与研究，发现了反硝化聚磷这一重要代谢过程，推出了ASM2D模型，ASM2D模型包含了好氧聚磷和反硝化聚磷两条磷代谢通路，对生物除磷的探究有重要的作用。但是，ASM2D模型有大量参数，在针对碳氮的去除上并不被认为是非常理想的模型，导致其在实际的工业应用中受到阻碍，此时ASM1模型仍是工业应用上的主流模型。

1999年，IWA推出了ASM3模型，ASM3的推出旨在进一步完善优化ASM1，ASM3对COD的流向进行了更精准的划分，针对ASM1中异养菌死亡-再生循环理论和硝化菌衰减过程中的相互干扰，ASM3将两组菌体的转换过程进行了分离，对有机物在微生物体内的贮存、内源呼吸活动进行描述，强调有机物从水解到胞内贮存的细胞活动，用内源呼吸来表示微生物的衰减过程。同时，ASM3可以通过添加附加模块来加入生物除磷、化学除磷、丝状菌生长等过程，能更全面地理解、模拟污染物的去除特性和微生物的代谢过程。

1.5.2 活性污泥数学模型应用

ASM模型自问世来，在国内外得到了广泛的关注，学术界在微生物的代谢、反应机理的探究上对模型进行了不断改进与完善，工业界在实际污水处理的运用、模型软件开发等方面进一步创新与实践，为模型的完善和进一步开发积累了大量的经验。

van Veldhuizen 等通过对 Holten 污水厂改进 UTC 工艺的模拟，采用同步好氧聚磷和反硝化聚磷的磷去除模型与 ASM1 模型相结合，分析了进水水质、混合液回流比、曝气量和污泥回流比等运行参数对出水水质和污泥产量的影响，并通过校正发酵速率、好氧吸磷速率和缺氧吸磷速率三个参数，得到了较为理想的拟合效果。Santos 等人将 ASM 模型与细胞代谢模型相结合，建立了 META-ASM 模型，并在 34 个来自不同实验室富集的 PAOs 和 GAOs 反应器上进行了测试，同时对五个污水厂全规模进行了模拟。META-ASM 模型特别关注影响 PAOs 和 GAOs 之间竞争的操作条件、PAOs 和 GAOs 的反硝化能力、代谢变化，以及这些聚合物在内源过程和发酵中的作用。对不同 EBPR 系统的模拟结果与实测数据之间良好的相关性支持了该模型的应用，同时该模型减少了校准工作。另一方面，META-ASM 与传统 ASM 模型之间的性能比较表明其在长期预测 EBPR 性能方面有显著优势，META-ASM 模型可能成为预测和减轻 EBPR 扰动的有力工具。Reibeiro 等人将 ASM3 模型扩展到了污水处理与资源回收系统中，对侧流池中的短程脱氮和 PHA 的回收进行了拟合。经校准验证后的模型在意大利 Carbonera 运营的中试规模设施中实现了很好的拟合，亚硝化过程与好氧饱食/缺氧饥饿过程相结合，便于产 PHA 微生物的富集，该模型归一化均方根误差始终<20%。此外，应用于 PHA 选择阶段的模型可以有效地描述 PHA 积累阶段而无需重新校准。使用修改后的 ASM3 模型进行了一项模拟研究，以评估 SCEPPHAR 工艺策略与完全好氧选择工艺相比在混合培养 PHA 生产中的相对优势。虽然发现使用 SCEPPHAR 的 PHA 产量水平降低了 34%，但挥发性脂肪酸（VFAs）需求量减少了 43%，总悬浮固体（TSS）产量减少了 15%，氧气需求量减少了 28%，这可以显著节省运营成本。该模型促进了污水处理与资源回收系统的设计和优化，将短程硝化反硝化与 PHA 生产相结合，在实现资源回收的同时节省了曝气成本。Maktabifard 等人探究了 ASM 模型对 N_2O 产生的适用性与普遍性，采集了芬兰赫尔辛基市区一座全规模的污水处理厂的各项数据，并对包含 N_2O 产生的 ASM3 和 ASM2D-N_2O 模型进行验证比较，以确定 N_2O 产生路径，并指导 N_2O 和碳足迹的减排措施。在验证和校准期间，研究工厂的 N_2O 排放因子分别在进水总氮负荷的 0.9% 和 0.94% 之间。根据模型预测，估计有超过 93% 的 N_2O 排放到大气中，而剩余的部分（7%）来自非曝气区 N_2O 的液气转移。预测的 N_2O 排放因子与经验因子计算之间的差异将导致工厂每年减少

近 1000 吨 CO_2 当量的碳足迹，这突出了模型应用于碳足迹研究的重要性。

目前，基于 ASM 系统模型开发的程序和软件有很多，如 DHI Water Environment 开发的 EFOR 模拟软件；美国克拉克森大学在 ASM1 模型基础上编制的 SSSP 软件；加拿大水处理软件公司 Hydromantis 针对不同需求开发了 GPS-X、Gapdetworks、Toxchem 和 Watpro 等四款软件，GPS-X 侧重于快速建模，对工艺改进、操作风险进行分析；Gapdetworks 则用于对不同工艺的投资成本和运营成本进行分析比较；Toxchem 对运行过程中气体污染物的排放进行模拟；Watpro 多用于仿真运行特定工艺，化学添加过程中水质的预测。瑞士 EAWAG 公司基于 ASM1 和 ASM2 开发推出了 ASIM 软件。这些程序软件可以十分方便快捷可视化地用于污水厂的设计、运行、维护，污水厂水质的监测、污染物的控制等方面，已在大多数可用的商业软件包中实施。

1.6 课题主要研究内容及技术路线

1.6.1 研究内容

针对传统生物污水处理对低碳氮比污水除污效率低的问题，提出适合于低碳氮比的生物污水脱氮除磷的方案——限氧同步硝化反硝化除磷工艺。该工艺结合溶解氧自控系统，精准控制溶解氧，将溶解氧控制在较低水平，同时节省曝气能耗，低氧还可以减少曝气段有机物的氧化，更合理地利用系统碳源。

针对限氧条件下（限氧指的是曝气到一定程度之后自动结束曝气，好氧段指的是曝气段，本书中二者并不冲突）SNDPR 系统如何稳定运行，对低碳氮比污水实现高的脱氮除磷效率这一目的开展探究，主要研究内容如下。

① 限氧 SNDPR 系统的快速启动，PAOs 的强化与富集，确定 SNDPR 的启动条件及快速强化 PAOs 的有效策略，逐步降低 COD 浓度，探究其低碳氮比下的氮磷去除效果，碳氮比对污染物去除的影响。

② 探究 SNDPR 系统低碳氮比下的运行调控策略，通过添加高浓度亚硝酸盐对系统功能菌群结构进行调控，观察亚硝酸盐对系统 AOB、NOB、DPAOs、GAOs、OHOs 等菌群的影响，通过厌氧释磷量、SND 效率、氨氧化速率、出水硝酸盐浓度等结合高通量测序考察微生物的活性与丰度变化情况。

③ 探索 PAOs 与 GAOs 的代谢特征，通过对分别以 GAOs 和 PAOs 为主导菌的两个反应器进行对比，探究 DGAOs 与 DPAOs 的反硝化特性差异，通过观测其反硝化速率、NADH 的变化、对亚硝酸盐的应激反应等表现分析探究二者的代谢差异，提出二者合理的代谢模型。并进一步对 PAOs 主导的系统进行磷剥夺，观测磷剥夺对系统氮去除的影响，探究 PAOs 对氮去除的贡献。恢复供磷后观测系统的厌氧释磷、好氧吸磷情况，氮的去除转化情况，探究系统对环境波动的影响以及 PAOs 在不利环境下的竞争情况，结合高通量测序分析，揭示微生物群落对磷剥夺与恢复的相应情况。

④ 在限氧 SNDPR 系统培养颗粒污泥体系，通过对污泥沉降性、MLSS、MLVSS、颗粒粒径、胞外聚合物、多糖、蛋白质、污泥含磷量、颗粒形态等的观测，分析颗粒形成原因，对颗粒稳定性进行探究。通过提高进水氨氮浓度，逐步降低碳氮比、提高负荷，通过对厌氧释磷量、好氧吸磷量、出水氨氮、出水硝氮等情况的观测，探究颗粒污泥限氧 SNDPR 系统的氮磷去除特性，通过 16S rRNA 测序探究颗粒污泥系统的微生物群落构成。

⑤ 基于 ASM2D 模型建立 SNDPR 工艺的数学模型。主要包括：好氧聚磷模型；反硝化吸磷模型；反硝化脱氮模型；碳氮磷共除模型。微生物对底物的转化过程采用莫诺方程描述，利用矩阵表述系统中各个组分的变化规律及相互作用关系，得出各组分的表观转换速率。模型中部分参数通过文献调研获得，部分参数则通过本研究试验数据进行测定、拟合获得。通过遗传算法对模型参数进行智能优化，采用均方差根误差和确定系数对模型的结果进行评估，以获得拟合性较好的模型参数。

1.6.2 技术路线

限氧 SNDPR 系统处理低碳氮比污水研究技术路线图见图 1-10。

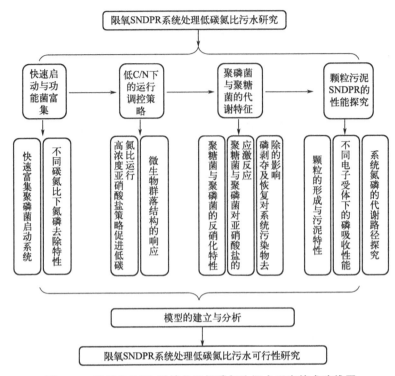

图 1-10 限氧 SNDPR 系统处理低碳氮比污水研究技术路线图

第2章

SNDPR系统的快速启动与氮磷去除特性

2.1 概述

污水处理过程中的氮磷需要严格控制排放,以避免受纳水体富营养化,SNDPR 工艺因可以同步实现氮磷的去除,并能避免化学除磷带来的成本增加与药剂污染而被广泛使用。SNDPR 的氮磷去除系统依靠 PAOs、DGAOs、氨氧化细菌等不同功能菌合作进行,如何快速启动并维持稳定运行是 SNDPR 系统运行的关键问题之一。

PAOs 的富集是 SNDPR 系统稳定运行的关键,厌氧/好氧/缺氧模式交替运行可以为 PAOs 提供有利的生存环境,有利于 PAOs 的富集,PAOs 在厌氧/好氧交替的环境下进行释磷/吸磷,同时合成/消耗 PHA,维持自身代谢;在后置的缺氧段,GAOs 进一步消耗内碳源进行反硝化,有利于氮的去除,同时导致了 GAOs 在接下来的厌氧段内对 COD 的竞争减弱,更利于 PAOs 的富集;厌氧/好氧/缺氧交替的模式为微生物提供了饱食-饥饿的环境,促使细菌分泌胞外聚合物(EPS),有利于稳定菌胶团的形成。因此,采用厌氧/好氧/缺氧模式能为系统运行提供最优条件,有利于 SNDPR 系统微生物的驯化。充足的碳源有利于 EBPR 系统维持稳定,同时高的 VFAs 为高效除磷提供有利条件,研究表明通过加大进水 VFAs 浓度,有利于厌氧释磷量的提高,并且可以促进厌氧消化。

本试验的主要目的是探究 SNDPR 系统的快速启动策略,通过厌氧段额外加乙酸钠,延长厌氧时间进行强化除磷实现 PAOs 的快速富集,使系统达到良好的氮磷去除效果。同时对稳定运行的系统降低碳源浓度,模拟实际污水处理过程中碳源的波动,观测其在有限碳源下的污染物去除特征,并通过高通量测序从微生物群落结构角度分析系统水质变化的原因，探究各功能菌对系统氮磷去除的影响。

2.2 材料与方法

2.2.1 反应器装置及运行模式

本试验采用有机玻璃制成的有效容积为 5L 的 SBR，装置示意图见图 2-1。反应器直径 18cm，高度 30cm。反应器由预编程的可编程控制器（program logic controller，PLC）系统自动控制（西门子，S7-200PLC）。运行温度控制在（28±0.5）℃，反应器排水比为 2/5。

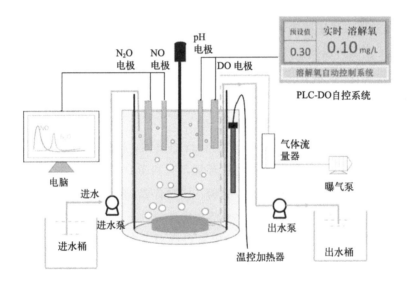

图 2-1 试验装置示意图

2.2.1.1 日常运行模式

反应器采用厌氧/好氧/缺氧的模式运行，每个运行周期为 6h，其中包括进水 5min，厌氧 60min，好氧 120~240min（好氧时间由 PLC-DO 在线监测系统控制，系统预设最短、最长曝气时间及最高 DO 值，当反应器实时 DO 值达到系统预设值或曝气时长达到系统预设最长曝气时间时即停止曝气，进入缺氧运行），缺氧（30~150min），静沉 15min，出水 10min。

2.2.1.2 强化除磷运行模式

在系统运行的第23天和第29天，进行强化除磷试验，厌氧60min后额外添加200mg/L的乙酸钠，同时再次厌氧60min之后进行曝气，随后正常运行。具体操作流程见图2-2。

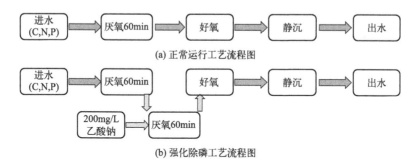

图2-2 系统运行工艺流程图

2.2.2 合成废水与接种污泥

反应器接种污泥取自实验室厌氧-缺氧运行的内源反硝化SBR。反应器污泥浓度MLSS控制在（3500±500）mg/L。本试验采用人工合成废水模拟市政污水，进水组分见表2-1。反应器内混合液悬浮固体浓度（mixed liquor suspended solids，MLSS）控制在（3500±500）mg/L。

表2-1 试验合成废水成分表

阶段	COD/(mg/L)	氨氮/(mg/L)	PO_4^{3-}-P/(mg/L)	$NaHCO_3$/(mg/L)	$MgSO_4$/(mg/L)	$CaCl_2$/(mg/L)	微量元素/(mL/L)
阶段Ⅰ～Ⅲ	420	60	5	650	15	10	1
阶段Ⅳ	300						

2.2.3 分析方法

本试验中主要监测项目及分析方法参考《水和废水监测分析方法》（第四版）及美国公共卫生协会出版的 Standard Methods for the Examination of Water and Wastewater （第十九版）。具体见表2-2。本研究中总氮定义为亚氮、硝氮、氨氮之和。

表 2-2　常见项目的分析方法及主要仪器设备

项目	方法	设备型号
NH_4^+-N	纳氏试剂分光光度法	紫外-可见分光光度计 UV-1800,美普达
NO_2^--N	N-(1-萘基)-乙二胺分光光度法	
NO_3^--N	紫外分光光度法	
PO_4^{3-}-P	钼锑抗分光光度法	
污泥磷浓度	过硫酸钾消解-钼锑抗分光光度法	
COD	消解法	COD 快速消解仪,连华
DO	膜电极法	便携式溶氧仪,哈希
pH 值	膜电极法	PHS-3C,雷磁
ORP	电极法	DZB-718,雷磁
MLSS	重量法	衡际 2003
MLVSS	灼烧-重量法	SX410 泰斯特,衡际 2003

2.2.4　同步硝化反硝化（SND）效率计算

SND 效率定义为好氧段氮的减少效率,可通过式(2-1) 进行计算

$$\mathrm{SND} = \frac{\mathrm{TIN}_a - \mathrm{TIN}_o}{\mathrm{NH}_{4,a}^+ - \mathrm{NH}_{4,o}^+} \times 100\% \tag{2-1}$$

式中，$\mathrm{NH}_{4,a}^+$ 和 TIN_a 分别为厌氧期末氨氮和总氮的浓度，mg/L（以 N 计）；$\mathrm{NH}_{4,o}^+$ 和 TIN_o 是好氧期末氨氮和总氮的浓度，mg/L（以 N 计）。

2.2.5　微生物群落分析

采用 16S rRNA 高通量测序进行微生物多样性组成谱研究，采用上游引物 338F：ACTCCTACGGGAGGCAGCA，下游引物 806R：GGACTACHVGGGTWTCTAAT 对 V3V4 区进行扩增。RNA 提取、纯化和测序委托上海派森诺生物科技有限公司进行。

2.3　结果与讨论

2.3.1　SNDPR 系统的碳、氮、磷去除特性

图 2-3 展示了系统运行阶段的碳、氮、磷等污染物的去除特征。基于进水 COD 浓度和系统氮磷去除率，将系统运行分为 4 个阶段。

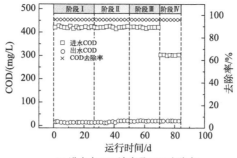

(a) 进出水COD浓度及COD去除率

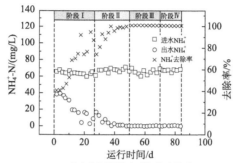

(b) 进出水氨氮浓度及氨氮去除率

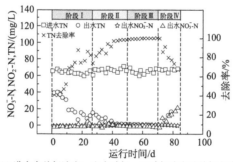

(c) 进出水总氮浓度，出水硝氮、亚硝氮浓度及总氮去除率

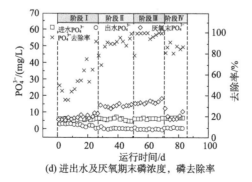

(d) 进出水及厌氧期末磷浓度，磷去除率

图 2-3 系统碳、氮、磷去除特征

（1）阶段Ⅰ

阶段Ⅰ为启动阶段（1~23天），系统进水COD浓度为420mg/L。系统运行第一天氨氧化缓慢，出水氨氮浓度达到39mg/L，反应器内出现氨氮累积，这是由于接种污泥母反应器的运行模式为厌氧-缺氧，种泥中AOB活性极低。在启动阶段，反应器的氮磷去除能力较差，出水总氮主要为氨氮，出水氮、磷平均浓度分别为(20.3±3.2)mg/L和(2.8±0.4)mg/L，氮、磷去除率分别为(65.07±7.2)%和(50.76±6.9)%。

（2）阶段Ⅱ

阶段Ⅱ（快速增长期，第24~50天），该阶段氨氧化能力迅速提高，系统运行到四十天时，基本可以完全实现氨氮氧化。阶段Ⅱ出水总氮较阶段Ⅰ明显下降，平均浓度为(1.25±0.6)mg/L，氮去除率为(95.57±1.3)%。为了快速提高系统的除磷能力，富集PAOs，在系统运行第23天、第29天，进行了两次强化除磷，厌氧期末释磷量明显提升，从阶段Ⅰ的(6.4±1.1)mg/L提高到了(12.4±1.7)mg/L，阶段Ⅱ的出水磷浓度平均为(0.6±0.2)mg/L，磷去除率为(92.06±2.4)%。

（3）阶段Ⅲ

阶段Ⅲ为稳定期（第51~70天），该阶段反应器性能基本稳定，并展示出良好的脱氮除磷能力，出水平均氨氮、亚硝酸盐、硝酸盐和PO_4^{3-}-P浓度分别为0mg/L、0mg/L、(0.16±0.1)mg/L、和(0.18±0.1)mg/L，总氮和PO_4^{3-}-P平均去除率分别达到了(98.76±0.9)%和(96.97±1.1)%。

（4）阶段Ⅳ

阶段Ⅳ为COD限制阶段（71~85天），为了进一步考察系统在低碳氮比情况下的运行性能，此阶段进水COD浓度由420mg/L降低到300mg/L，碳氮比由7降低到5，此时的碳源不足以维持系统脱氮与除磷，导致出水氮浓度逐渐增高，出水硝酸盐浓度和PO_4^{3-}-P分别达到了(12.14±1.3)mg/L和(0.93±0.2)mg/L，氮磷去除率均明显降低，分别(81.95±2.7)%和(85.47±6.3)%。除此之外，每个周期剩余的硝酸盐在下个厌氧期开始时会被外源反硝化掉，消耗了大量碳源，导PAOs厌氧期没有足够的碳源，从而厌氧期末PO_4^{3-}-P浓度随着进水COD浓度的降低表现出显著下降，从阶段Ⅲ的(16.27±2.9)mg/L降低到了(7.21±0.8)mg/L。

2.3.2 强化释磷快速富集聚磷菌

分别在第23天和第29天进行强化释磷，在厌氧60min后额外向反应器投加200mg/L乙酸钠,并再厌氧60min。图2-4、图2-5(书后另见彩图)展示了两次磷强化对系统的影响,第一次强化磷释放量没有明显增加,但出水磷浓度明显降低,从强化前的2.5mg/L左右降低到0.6mg/L,且系统接下来的八个周期内出水磷浓度在0.6~0.9mg/L。第二次进行强化时系统厌氧期末释磷明显增加,达到14.25mg/L,并且在后续的运行中厌氧释磷量保持稳定;同时,经过第二次强化,反应器保持连续21天内出水磷浓度都在0.5mg/L以内,系统磷去除效果显著提高。强化除磷通过厌氧段额外向反应器内投加200mg/L的乙酸钠,促进PAOs厌氧段吸收COD,合成PHA,水解Poly-P,释放磷酸盐到环境中来增加系统的释磷能力,刺激释磷,研究表明外加VFAs不仅能利于PAOs释磷,还可以有效提高PAOs的吸磷能力。同时强化过程中增加了60min的厌氧时间,充分的厌氧时间为内碳源的进一步贮存提供了条件,为后续的反硝化提供充足的内碳源,有利于DGAOs性能的提高,进一步提高了系统氮的去除率,对EBPR系统性

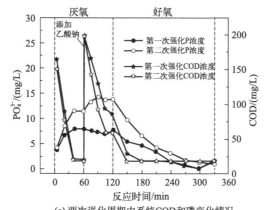

图2-4 强化除磷对系统的影响

能的改进有显著作用。图2-4(b)展示了系统强化前后污泥含磷量的变化情况,在强化后污泥含磷量显著增加,第一次强化后污泥含磷量从6.62mg/g提高到了9.45mg/g,经过第二次强化达到了15.56mg/g。污泥含磷量的增加与系统PAOs的富集及PAOs释磷能力提高有关。通过外加碳源,促进了系统PAOs的快速增长,使系统实现良好的磷去除效果。

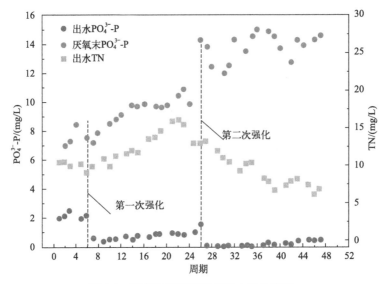

图2-5 强化除磷对系统氮磷去除的影响

2.3.3 不同碳氮比下的氮磷去除特性

图2-6展示了不同碳氮比下典型周期内系统的污染物去除情况。

在厌氧阶段(0~60min),COD浓度快速下降,部分COD被普通异养菌利用,还有部分COD被GAOs、PAOs等贮存;厌氧段PO_4^{3-}-P浓度逐渐升高,碳氮比为7时,厌氧期末磷酸盐浓度为15.4mg/L,而低碳氮比导致PAOs没有足够的碳源,在碳氮为5时,厌氧期末磷酸盐浓度仅为7.34mg/L。此外,在碳氮比为5的情况下,系统出水中有高达12.14mg/L的硝酸盐剩余,当下个周期开始时,外源反硝化菌会优先于PAOs摄取碳源,对系统中残余的硝酸盐进行外源反硝化,加剧了PAOs底物的不足,导致PAOs的释磷量降低。厌氧段PAOs合成PHAs,水解Poly-P导致了系统ORP的明显降低。碳氮比为7时,系统厌氧段ORP从122mV降低到-80mV,碳氮比为5时,ORP从160mV降低到35mV,可以看出碳源

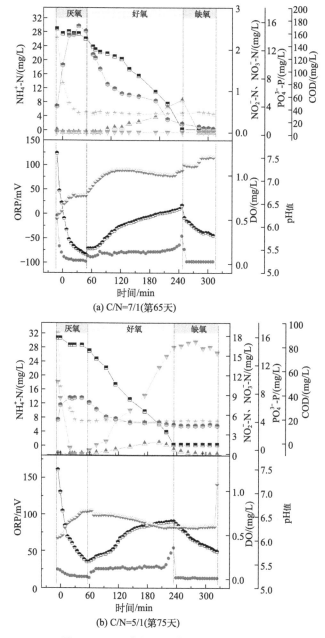

图 2-6　不同碳氮比下典型周期内系统碳、氮、磷、pH 值、ORP、DO 的变化情况

充足时 ORP 的变化更明显，这一变化也与释磷量的变化一致。pH 值在厌氧段表现出快速上升，这与 COD 的贮存有关，且系统采用乙酸作为碳源，当乙酸进入胞内时，需要质子力推动，这一过程会消耗 H^+，从而导致系统 pH 值上升。

在好氧段，当碳氮比为 7 时，PO_4^{3-}-P 浓度快速下降，系统吸磷能力良好。同时，氨氮氧化过程中有少量的亚硝酸盐累积（0.78mg/L），整个曝气阶段未观测到硝酸盐的产生。当氨氮氧化完全后，系统 DO 值达到预设的 0.3mg/L，曝气自动停止，进入缺氧段。在好氧结束时，系统总氮浓度为 0.78mg/L，SND 效率为 97.01%。系统在碳氮比 7 时表现出良好稳定的碳氮磷去除效果。当进水 COD 降低到 300mg/L 后，系统中硝酸盐的浓度出现明显的增加，低的 COD 浓度导致了反硝化菌没有足够的底物进行反硝化，同时，系统的 SND 效率降低到 36.86%。磷的去除也受到了影响，好氧末仍有磷剩余。COD 浓度的下降使系统的氮磷去除率显著降低，总氮和磷的去除率分别从碳氮比为 7 时的 100%，81.04% 降到了碳氮比为 5 时的 49.44% 和 19.39%。

2.3.4 微生物群落特性

为了探究系统微生物群落的变化情况，分别在第 1 天、第 70 天对系统微生物取样，进行高通量分析。图 2-7 展示了不同时间的系统属水平微生物相对丰度。

系统运行第一天，*Thauera* sp. 为最主要的微生物，占比 45.4%，*Thauera* sp. 是一种异养反硝化菌，在生物污水处理中分布广泛，*Thauera* 属的部分亚种有除磷能力。*Dechloromonas* sp. (4.25%) 是具备除磷能力的反硝化菌，常出现在以亚硝酸盐作为电子受体反硝化除磷系统中，母反应器为内源反硝化反应器，长期厌氧-缺氧运行，为 DPAOs 的生长提供了有利条件。*Phaeodactylibacter* sp. (3.24%) 常在短程硝化反硝化系统中富集，与系统中氮的去除有关。*Vampirovibrio* sp. 占比 2.19%，据报道该属在二氯甲烷的生物去除中有重要作用。*Rhodobacter* sp. 在难降解有机物的去除上有很大贡献，在缺氧环境容易富集，在系统中占比 1.71%。*Phreatobacter* sp. 为自来水管网中常见的一种微生物，占比 1.71%。*Ottowia* sp. 菌属具有反硝化功能，是一种异养反硝化菌，在系统中丰度占比 1.50%。*Comamonas* sp. (1.44%) 是与 COD 降解密切相关的微生物，同时可以分泌

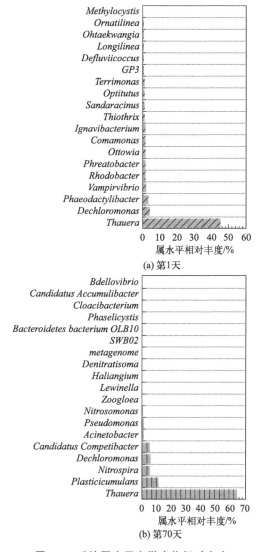

图 2-7 系统属水平上微生物相对丰度

EPS，有利于菌胶团的形成与污泥系统的稳定，对颗粒污泥的形成起着关键作用。*Ignavibacterium* sp.常出现在缺氧环境中，是一种常见的短程反硝化细菌，在系统中占比 1.38%。*Thiothrix* sp. 是 EBPR 系统中常见的丝状菌，对污泥的形态有着显著影响。

当系统运行到第 70 天时，相比第一天，系统微生物属水平上种类发生明显变化，*Thauera* sp.仍为系统的主导菌属，占比 64.62%。*Plasticicumulans* sp. 在系统中占比 11.16%，主要进行有机物的去除。*Candidatus*

Accumulibacter 属于 Betaproteobacteria 门，被认为是最传统的 PAOs，而其在系统占比只有 0.06%，*Candidatus Accumulibacter* 曾被认为是 EBPR 系统不可或缺的菌属，最近研究表明，EBPR 系统中磷的去除可以不依靠 *Candidatus Accumulibacter*，由其他菌属实现。*Nitrospira* sp. 出现在系统中，这是污水处理中常见的 NOB 菌属，可以将亚硝酸盐氧化为硝酸盐，丰度占比 5.71%。*Dechloromonas* sp. 占比 5.62%，与系统启动初期基本持平。*Candidatus Competibacter* sp. 是 Proteobacteria 门的典型的聚糖菌，在系统中占比为 5.19%。*Acinetobacter* sp.（1.14%）和 *Pseudomonas* sp.（1.04%）与系统中磷去除密切相关，是常见的除磷菌。*Haliangium* sp. 菌属被报道具有反硝化能力，可以硝酸盐为电子受体进行反硝化。典型的 PAOs *Nitrosomonas* sp. 占比为 1.03%，是典型的氨氧化细菌，而 AOB 的丰度低于 NOB 的丰度，NOB 的过量生长导致系统在第三阶段氮去除的恶化。

从微生物群落结构的改变可以看出，系统经过 70 天的稳定培养，富集了同步硝化反硝化所需的功能菌群，AOB、DPAOs、DGAOs 等关键菌属都得到富集，而系统同时存在一些不利菌群（NOB、OHOs 等），不利菌群的大量生长使系统需要更多的碳源来实现氮磷的去除，导致在碳氮比降低后，系统出水水质逐步恶化。因此，合理地调控系统菌群对 SNDPR 工艺的稳定运行起着重要作用。

2.4 本章小结

通过厌氧/好氧/缺氧模式运行，厌氧期末额外添加 200mg/L 乙酸钠，并再次进行 60min 厌氧，实现了对 PAOs 的富集，快速启动 SNDPR 系统，有以下主要结论：

① 添加乙酸钠，延长厌氧时间可以促进反应器聚磷菌厌氧段持续吸收 COD，贮存胞内 PHA，并刺激聚磷菌向外界释磷，也有助于在随后好氧段吸磷量的提高，通过两次强化实现了 PAOs 的快速富集，SNDPR 系统稳定运行，在碳氮比为 7 时展现了良好的脱氮除磷能力，氮磷去除率分别达到了 (98.76±0.9)% 和 (96.97±1.1)%。

② 而当碳氮比降低到 5 时，由于碳源的限制，系统开始崩溃。微生物群落分析表明系统中普通异养菌、亚硝酸盐氧化细菌等不利菌种的大量存在导致系统过度消耗 COD，因此在碳氮比降为 5 时难以实现良好的氮磷去除。

第3章

高浓度亚硝酸盐对SNDPR系统菌群的调控机制

3.1 概述

SNDPR 系统的稳定运行依靠各种功能菌协同实现，系统中的氮的去除主要依靠在好氧条件下 AOB 与 NOB 对氨氮/亚硝酸盐的氧化，以及 DPAOs 和 DGAOs 在缺氧环境下的反硝化实现。磷的去除由 APAOs 和 DPAOs 通过厌氧释磷，好氧/缺氧过量吸磷而完成。然而，系统功能菌极易被进水水质，运行模式等外界环境影响，而 NOB、OHOs 等不利菌过度生长，经常会导致系统恶化。NOB 的过量生长使得系统中氮的去除依靠全程硝化反硝化来实现，而非短程硝化反硝化，而后者可以节省 40% 的碳源。若能抑制 NOB 的生长，则系统可在底物不足时显著提高脱氮除磷效率。由于 OHOs 会优于 PAOs 利用碳源，导致了 PAOs 缺乏碳源进行除磷。因此，避免不利菌的过量生长是实现 SNDPR 系统长期稳定持续运行的关键。

近年来，许多研究者关注如何改进 SNDPR 系统的氮磷去除效果。由于氮磷的去除都需要有机底物，学者们针对不同种类、不同投加量的底物对系统的影响做了大量研究。Zheng 等研究发现通过添加乙酸，可以有效提高系统的氮磷去除率。为了使系统更充分地利用有机底物，Wang 等通过强化厌氧胞内贮存实现了低碳氮比下氮磷的有效去除。Yuan 等通过将系统控制在低氧环境，减少曝气对碳源的消耗，并在低氧下成功抑制了 NOB，实现了短程硝化反硝化。除此之外，亚硝酸盐对微生物的代谢影响得到了许多关注。Taya 等发现通过添加亚硝酸盐，可以在 GAOs 富集的反应器中淘汰 GAOs 并富集到 PAOs。Wang 等通过将活性污泥浸泡在高浓度 FNA 中实现了 NOB 的抑制。亚硝酸盐在微生物代谢中可能起着重要的作用，调整系统内亚硝酸盐水平浓度可能对系统微生物结构产生影响，进而实现功能菌的强化筛选。但亚硝酸盐在 SNDPR 系统中作用少有实践，其机理仍未清楚，需要更多的研究来揭示亚硝酸盐对 SNDPR 系统的作用机理。

本试验的主要目的是探究亚硝酸盐对 SNDPR 系统运行的改进策略，通过高浓度亚硝酸盐调节系统微生物群落，实现系统在低碳氮比环境下的长期稳定运行，并探究 NO 和 FNA 亚硝酸盐策略中对微生物群落的作用，为 SNDPR 系统更好地用于实际工程奠定理论基础。

3.2 材料与方法

3.2.1 试验装置与运行模式

采用 5L 的有机玻璃制成的圆柱形反应器，由 PLC 控制系统运行。系统每天运行 4 个周期，6 小时一周期，装置见图 2-1。

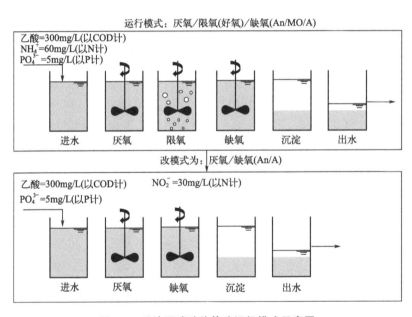

图 3-1 系统亚硝酸盐策略运行模式示意图

系统运行分为 3 个阶段：阶段 I 为亚硝酸盐策略实施前（第 1～16 天），系统碳氮比为 5，运行模式为厌氧/限氧/缺氧。阶段 II 为亚硝酸盐实施阶段（第 17～31 天），此阶段每天四个周期中有一个周期实施亚硝酸盐策略，系统运行模式为厌氧/缺氧，在厌氧期末投加 30mg/L 的 NO_2^--N，进入缺氧运行，剩余三个周期仍为厌氧/限氧/缺氧模式正常运行，运行模式示意图见图 3-1。阶段Ⅲ为亚硝酸盐策略实施后（32～93 天），系统运行模式与阶段Ⅰ相同。

3.2.2 合成废水

采用乙酸提供 COD，氯化铵、亚硝酸钠提供氮素，磷酸二氢钾作为磷源。碳酸氢钠提供无机碳和碱度，每升水中添加 1mL 微量元素，包括 50mg H_3BO_3，30mg $CuCl_2$，50mg $ZnCl_2$，50mg $CoCl_2 \cdot 6H_2O$，50mg $(NH_4)_6Mo_7O_2 \cdot 4H_2O$，50mg $NiCl_3 \cdot 2H_2O$，50mg EDTA。不同运行阶段的进水组成见表 3-1。

表 3-1　不同阶段的运行模式与进水组成

阶段	运行模式	COD	氮源	PO_4^{3-}-P
阶段Ⅰ 1～16 天	An/MO/A	300mg/L	60mg/L（以 N 计）	5mg/L
阶段Ⅱ 17～31 天	An/A（每天一周期） An/MO/A（每天三周期）	300mg/L	30mg/L（以 NO_2^--N 计）（An/A） 60mg/L（以 NH_4^+-N 计）（An/MO/A）	5mg/L
阶段Ⅲ 32～93 天	An/MO/A	300mg/L	60mg/L（以 N 计）	5mg/L

3.2.3 分析方法

氨氮、亚硝酸盐、硝酸盐、磷酸盐、COD 等分析方法参考污水水质处理，pH 值、ORP、DO 由膜电极法实时监测，溶解态 NO 及 N_2O 通过 NO、N_2O 微电极（丹麦，Unisense）实时监测电信号，经过校准计算得出液相 NO 和 N_2O 浓度。

微生物群落分析通过 16S rRNA 高通量测序完成，RNA 提取、纯化和测序委托上海派森诺生物科技有限公司进行。采用 Illumina MiSeq 平台实现扩增、测序和数据分析，采用 NCBI 数据库对 RNA 注释，得到相关菌种丰度。

3.2.4　FNA 浓度计算

FNA 浓度难以直接检测，因此，通常用 NO_2^--N 浓度和 pH 值对 FNA

浓度进行计算。

$$\text{FNA} = \frac{S_{\text{NO}_2^-}}{K_a \times 10^{\text{pH}}} \quad (3\text{-}1)$$

式中，$S_{\text{NO}_2^-}$ 为溶液中 $\text{NO}_2^-\text{-N}$ 浓度；K_a 是温度系数，可通过温度 $(t, ℃)$ 由式(3-2)计算。

$$K_a = e^{-2300/(273+t)} \quad (3\text{-}2)$$

3.3 结果与讨论

3.3.1 高浓度亚硝酸盐对系统氮磷去除的影响

图 3-2 展示了系统运行过程中碳氮磷的去除情况，由图可以看出，在系统进行亚硝酸盐策略前，碳氮比为 5，受碳源不足的影响，此时系统中氮磷去除效果不佳，去除率较降低。

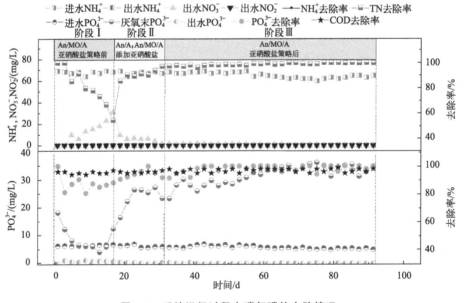

图 3-2 系统运行过程中碳氮磷的去除情况

在 1~16 天，系统平均出水硝酸盐为 $(12.89\pm1.3)\text{mg/L}$，出水磷为 $(0.81\pm0.2)\text{mg/L}$，氮、磷去除率分别为 $(80.89\pm1.3)\%$ 和 $(87.62\pm0.8)\%$。受硝酸盐积累的影响，厌氧释磷量也有逐渐降低，平均厌氧释磷量

为 (9.02±0.8)mg/L。

在第 17～31 天，实施了为期 15 天的亚硝酸盐策略，这个阶段对 PAOs 刺激明显，厌氧期末释磷量显著提高，平均释磷量为 (24.03±1.2)mg/L，出水磷浓度为 (0.36±0.1)mg/L，同时磷去除率提高到了 (94.48±0.9)%。随着亚硝酸盐策略的实施，系统氮去除效果也表现出显著提升，出水硝酸盐浓度明显降低，平均为 (5.9±0.4)mg/L，总氮去除率提升到 (91.23±0.9)%，氮磷去除效果的提高说明了亚硝酸盐策略对系统起了明显的调控作用。

当停止投加亚硝酸盐后，在阶段Ⅲ，系统仍保持着稳定的脱氮除磷效率，平均出水总氮和磷浓度为 (0.74±0.2)mg/L 和 (0.11±0.04)mg/L，平均氮、磷去除率分别达到了 (98.89±1.1)% 和 (98.17±1.3)%。并且厌氧期末的释磷量维持在较高水平，平均为 (31.73±2.1)mg/L。在阶段Ⅲ，经过 15 天的亚硝酸盐添加后，SNDPR 系统在碳氮比为 5 的条件下实现了高效的同步脱氮除磷，并稳定运行了超过 60 天。

图 3-3 展示了系统在亚硝酸盐策略前后的典型周期内各指标的变化情况。亚硝酸盐策略后厌氧期末磷酸盐浓度显著增加，达到了 32.08mg/L，表明了 PAOs 在亚硝酸盐策略后活性增加，在厌氧段更多的 COD 被 PAOs 吸收，贮存为胞内 PHA，为好氧段的磷吸收供能。

在好氧段，二者的氨氧化速率近乎相同，而亚硝酸盐策略前伴随着 27.45mg/L 的氨氮氧化，产生了 19.43mg/L 的硝酸盐，SND 效率仅为 26.63%，说明此时系统内反硝化菌对亚硝酸盐的竞争力不敌 NOB，导致亚硝酸盐产生后被 NOB 氧化为硝酸盐，则需要消耗更多的碳源来实现反硝化，有限的碳源导致系统氮去除率降低，出水总氮达到 16.89mg/L。好氧段开始时磷浓度显示出快速下降趋势，当反应进行到 120min 时磷浓度不再下降，维持在 1.9mg/L，这可能是由于胞内没有足够的 PHA 为聚磷提供能量，导致出水磷较高。在亚硝酸盐策略实施后，好氧段氨氮氧化了 25.39mg/L，同时没有硝酸盐/亚硝酸盐产生，SND 效率几乎 100%。整个反应过程都没有硝酸盐产生，仅检测到有少量的亚硝酸盐 (0.03mg/L)，系统呈现良好的同步硝化反硝化能力。磷在好氧段也近乎匀速地下降，直到降低为 0mg/L，系统出水氮磷均低于检出限，实现了良好的氮磷去除，这表明亚硝酸盐策略成功地改善了系统的脱氮除磷能力，使其能在相同的碳源供应下实现污染物的全部去除。

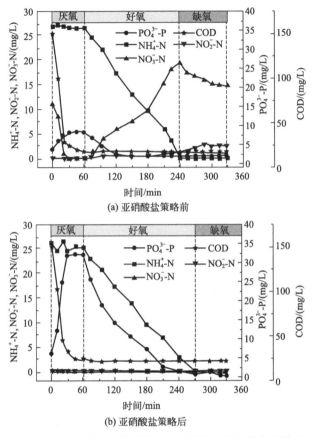

图 3-3　亚硝酸盐策略前后的典型周期内各指标的变化情况

3.3.2　高浓度亚硝酸盐下系统的应激反应

图 3-4 展示了系统在亚硝酸盐策略下 An/A 模式的典型周期内亚硝酸盐、NO、N_2O、磷酸盐、pH 值、ORP 和 FNA 等的变化曲线。厌氧段系统内磷浓度逐渐升高，PAOs 厌氧释磷，在缺氧段开始时向反应器内投加 30mg/L（以 N 计）的亚硝酸盐，随着亚硝酸盐的加入，观测到反应器内液相 NO 浓度迅速上升到 3.02mg/L，之后缓慢降低。NO 的积累持续了 10min 左右，之后开始逐渐降低。而 N_2O 的产生要滞后于 NO，并在亚硝酸盐加入后的 150min 达到了 9.76mg/L 的峰值，之后开始逐渐降低。在缺氧初期，随着亚硝酸盐的添加，磷浓度也持续升高，这与 PAOs 正常的代谢模式厌氧释磷，好氧/缺氧吸磷不符，这可能是高浓度的亚硝酸引起的 FNA

导致的，高浓度的亚硝酸盐的添加使系统内 FNA 浓度达到了 0.047mg/L，足以抑制微生物的正常代谢活动，PAOs 在亚硝酸盐存在的缺氧环境下仍持续释磷，进行厌氧代谢。FNA 同时也抑制了反硝化相关的酶——Nor, Nos, Nir 等，使得液相 NO 显著升高。王莎等探究亚硝酸盐反硝化过程中不同亚硝酸盐浓度、不同 pH 值下 NO 和 N_2O 的产生情况，发现 NO 累积只有在低 pH 值、高亚硝酸盐浓度下才出现，这也与本试验的结果相一致。低 pH 值、高 NO_2^--N 浓度会导致高 FNA 浓度，从而抑制了 Nor 的活性，导致系统出现 NO 积累。相比 Nor，Nos 更容易被亚硝酸盐抑制。当系统内亚硝酸盐浓度接近零时，氧化亚氮达到了峰值，随后开始下降，这表明了此时 Nos 的活性开始恢复，将 N_2O 还原为氮气。

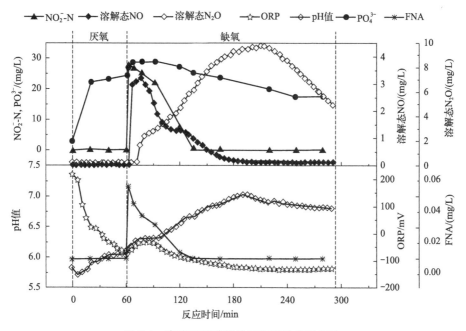

图 3-4　高浓度亚硝酸盐下系统的应激反应

3.3.3　高浓度亚硝酸盐对系统微生物群落的影响

图 3-5（书后另见彩图）展示了亚硝酸盐策略前后系统微生物群落属水平相对丰度。在亚硝酸盐策略前，*Thauera* sp. 是系统中主导菌属，占比 64.62%，*Thauera* sp. 是属于 Proteobacteria 门的典型的异养菌，与脱氮相关。*Plasticicumulans* sp. 占比 11.15%，为系统中第二大菌属，在系统中

的主要作用为吸收有机物，是普通异养菌。系统中 AOB（*Nitrosomonas* sp.）的相对丰度为 1.03%，而 NOB（*Nitrospira* sp.）的相对丰度为 5.71%。高的 NOB 使系统中的亚硝酸盐被大量氧化为硝酸盐，导致反硝化过程中需要更多的 COD 来实现脱氮，因此在低碳氮比下有大量硝酸盐剩余。*Dechloromonas* sp.（5.62%），*Acinetobacter* sp.（1.10%）和 *Pseudomonas* sp.（1.03%）是与系统磷去除密切相关的菌属。*Candidatus Competibacter* sp. 在系统中的相对丰度为 5.19%，是一种典型的 GAOs。微生物群落表明在碳源充足的情况下，系统可以实现良好的氮磷去除，而当有机物不足时，大量的 NOB 和 OHOs 会导致系统恶化。

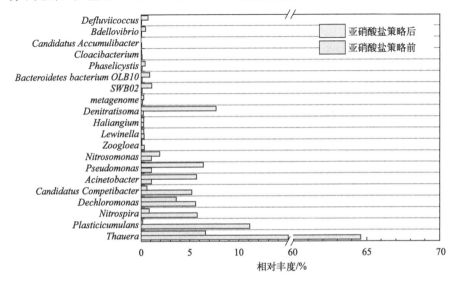

图 3-5 亚硝酸盐策略前后系统微生物群落属水平相对丰度

亚硝酸盐策略实施后，系统主导菌群也发生了很大的改变。*Thauera* sp. 属从 64.62% 降低到了 6.62%，具有反硝化能力的 *Denitratisoma* sp. 从 0.23% 增加到了 7.67%。AOB 的相对丰度也表现出了增加（从 1.03% 到 1.98%），而 NOB 显著降低，从 5.71% 到 0.85%。NOB 的降低使系统在碳氮比为 5 时整个运行阶段仍没有硝酸盐产生。同时，*Acinetobacter* sp. 和 *Pseudomonas* sp. 相对丰度均显著上升，分别从 1.10% 和 1.03% 增加到 5.69% 和 6.39%。*Acinetobacter* sp. 和 *Pseudomonas* sp. 均为 DPAOs，可以亚硝酸盐为电子受体进行吸磷。富集的 DPAOs 有利于系统在低 COD 下实现高的磷去除率。微生物群落的改变使系统可以在低碳氮比下达到良好的脱氮除磷效果。

3.3.4 亚硝酸盐策略对 SNDPR 系统的作用机理探究

高浓度的亚硝酸盐使系统产生了高的 NO，并导致了高的 FNA 水平，而 FNA 和 NO 均对大多数微生物有强烈的抑制作用。DGAOs 和 DPAOs 的电子受体为 NO_x（NO_3^- 和 NO_2^-），而 APAOs 和 OHOs 的电子受体为氧气，因此，当亚硝酸盐和 NO 存在时，前两者比后两者更容易适应环境。因此，在亚硝酸盐策略后，APAOs 和 OHOs 被抑制，从而为 DPAOs 与 DGAOs 提供了更多的生存空间，使其得到富集。

在试验中，亚硝酸盐使 NOB 的活性被显著抑制（从 5.71% 降低到 0.85%），同时富集了 AOB（从 1.03% 增加到 1.98%），亚硝酸盐对 AOB 刺激和 NOB 抑制有以下几个原因：首先，亚硝酸盐策略提供了缺氧环境，这对于抑制 NOB 非常有利。与 AOB 相比，NOB 需要较高的能量维持生命代谢需求，且其饥饿恢复动力比 AOB 低。Yang 等研究发现交替曝气策略对移动床膜中 AOB 比 NOB 更有益。Ge 等发现交替缺氧和好氧模式运行，成功抑制了 NOB，使系统实现了短程硝化。并且，高浓度亚硝酸盐的添加使系统产生了高浓度的 NO，NO 对 AOB 和 NOB 产生不同的影响作用。亚硝酸盐作为 NOB 生长的底物，应该可以促进 AOB 的生长，然而试验结果却与之相反。这是由高浓度亚硝酸盐产生的 NO 导致的。依据 Kuypers 等的研究，NO 是氨氧化的中间产物，适量的 NO 可以促进 AOB 的活性。Caranto 等人研究发现 AOB 中的羟胺氧化还原酶（HAO）在缺氧条件下可以利用 NO 作为底物维持代谢。Starkenburg 等人通过监测亚硝酸盐还原酶的转录发现 NO 对 *Nitrobacter* 属的 NOB 有可逆的抑制作用。Courtens 等人和 Zhao 等人研究发现污水厂中最常见的 *Nitrospira* 属的 NOB，可以在低 DO 环境下被 NO 抑制。在本研究中，亚硝酸盐策略实施后 NOB 表现出了长期的抑制，这是因为系统具有良好的 SND，整个周期几乎没有硝酸盐和亚硝酸盐产生。因此，在亚硝酸盐策略下，NOB 受到了强烈的抑制，系统在低碳氮比下维持了长期稳定的运行。NOB 活性的降低可以使系统实现亚硝化，理论上可减少 40% 的有机物和 25% 的曝气能耗。在亚硝酸盐策略实施后，出水硝酸盐显著降低（从 12.14mg/L 降低至 0.67mg/L），系统展示出良好的同步硝化反硝化能力。

最近的研究表明，DPAOs 真正电子受体可能是亚硝酸盐，宏基因组分析表明，DPAOs 具有亚硝酸盐还原酶 Nir 基因，而缺乏硝酸盐还原酶 Nar

基因。Skennerton 等人研究表明一些 DPAOs 可以利用硝酸盐作为电子受体进行吸磷，可能是由于系统中有别的微生物可以将硝酸盐还原为亚硝酸盐。Taya 等人的研究发现亚硝酸盐可以在 GAOs 富集的体系中实现 PAOs 的富集，淘汰 GAOs。在本研究中，也发现 DPAOs 在亚硝酸盐策略后得到了富集，*Acinetobacter* sp. 和 *Pseudomonas* sp. 分别从 1.10% 和 1.03% 增加到了 5.69% 和 6.39%。

同时，在系统实施亚硝酸盐策略后，NOB 的抑制导致系统内无硝酸盐的积累，有助于使 PAOs 在下一个周期的厌氧段进行释磷，因为厌氧初期硝酸盐的存在会使外源反硝化菌优先利用 COD 进行反硝化，消耗有机物，从而影响了 PAOs 合成 PHA，降低了释磷量。因此，NOB 的抑制有利于系统实现高效的磷去除。

而在高浓度亚硝酸盐存在的情况下，DPAOs 并不能进行反硝化吸磷，反而缓慢地持续释磷。早期的研究认为高水平的亚硝酸盐会抑制 DPAOs 吸磷。直到 2010 年，Zhou 等人研究表明磷吸收的真正抑制剂是 FNA 而不是亚硝酸盐。一旦 FNA 浓度达到 0.044mg/L 的阈值，即便在缺氧条件下，DPAOs 也依然会转为厌氧代谢。FNA 已经被证实是多种微生物的抑制剂，FNA 对磷吸收和糖原产生的抑制作用强于其对 PHA 降解和亚硝酸盐还原的抑制作用，由于 FNA 对 DPAOs 产能和耗能不同的抑制作用，FNA 可以刺激 DPAOs 的磷释放。

然而，Weng 等人研究表明液相中的 FNA 并不能传质到细胞内，因此认为影响 DPAOs 吸磷的因素更可能是 pH 值。在本研究中，通过对液相 NO 的实时监测，发现低 pH 值条件下（6~6.8），亚硝酸盐的添加会导致 NO 的积累，而磷浓度先升高后降低的趋势正好与 NO 的产生消耗同步。这一现象表明 NO 可能对磷吸收有抑制作用。而 NO 是细菌反硝化的副产物，胞内的 NO 浓度要比液相中更高。NO 有生物毒性，因此 NO 的抑制可以更合理地解释 FNA 扩散不影响胞内 FNA 浓度的现象。

3.4 本章小结

通过定期将 An/MO/A 模式运行改为 An/A 运行，并在 An/A 运行的缺氧初期添加 30mg/L 的亚硝酸盐，SNDPR 系统的性能得到了改善，在碳氮比为 5 时实现了良好的氮磷去除效果，对总氮和磷的去除率分别达到了

(98.89±1.1)%和(98.17±1.3)%。主要有以下结论：

① 高浓度亚硝酸盐的投加使系统产生大量NO，FNA和NO对微生物有广泛的抑制作用，系统中NOB和OHOs等不利菌群成功被高浓度的NO和FNA抑制，减少了对碳源的消耗。

② NO作为氨氧化的产物，对AOB有一定刺激作用，在抑制NOB的同时不会对AOB活性造成不利影响，同时，NO刺激DPAOs持续释磷，亚硝酸盐的投加则为亚硝酸盐反硝化聚磷提供了基质，经过亚硝酸盐策略后 *Pseudomonas* sp.，*Acinetobacter* sp.，*Dechloromonas* sp.（DPAOs）等PAOs的丰度明显提升，促进了PAOs的富集。实现了系统的碳氮磷去除，提供了一个新的方式来改善SNDPR系统以实现稳定持续的脱氮除磷，并进一步揭示了NO和FNA在菌群结构调整中扮演的角色。

第4章 磷剥夺对SNDPR系统的影响

4.1 概述

磷酸盐是生产生活中不可缺少的物质,近年来,污水处理厂中磷酸盐的回收受到了广泛的关注,有文献报道长期磷回收使 EBPR 的性能降低,而也有研究表明长期的缺磷环境不会对 PAOs 造成不利影响。因此,探究缺磷环境下 SNDPR 系统的特性对实际生产应用有重要作用。

缺磷条件常被用作实验室富集纯化聚糖菌 *Candidatus Competibacter* 的主要途径,然而有研究表明缺磷情况下并不能将聚磷菌 *Candidatus Accumulibacter* 从系统中有效淘洗。文献报道 *Accumulibacter* 的不同分支对于磷限制的环境可能有不一样的适应性,尽管在长期缺磷的情况下,一旦恢复供磷,*Accumulibacter* 会立即在系统中重新占据主导,恢复活动。而实际磷回收系统却因为磷水平降低而影响污水处理效果,这可能与 EBPR 系统中 PAOs 种类有关,能适应低磷环境的 *Accumulibacter* 菌属只在 EBPR 中占小部分;Rhodospirillaceae 科的大部分菌属和 *Zoogloea* 属都与磷去除密切相关。因此探究 EBPR 系统在缺磷环境下的特征对于进一步理解 PAOs 的代谢有重要意义。

本试验通过对稳定的 SNDPR 系统进行磷剥夺,来观测系统对磷剥夺的响应,观测磷剥夺前后系统污染物去除的特征,观测聚磷代谢与聚糖代谢的不同特点,以及系统在恢复供磷后的代谢情况,并对关键时间点微生物群落进行检测,进一步为生物除磷工程的实际应用和侧流磷回收技术提供理论支持。

4.2 材料与方法

4.2.1 试验装置与运行模式

试验装置见图 2-1,其为 SBR 反应器,有效容积为 5L,排水比为 2/5,

该反应器长期稳定运行在厌氧/限氧/缺氧模式，以 SNDPR 模式脱氮除磷。实施强制磷剥夺时，在厌氧期末停止搅拌，沉淀后排出富磷上清液，再向反应器内补入等体积的人工合成废水，补充的废水除了不含磷外，其余组分与排出液成分相同。然后正常搅拌，曝气，进入限氧运行，氨氮氧化完成后 DO 达到临界值，曝气停止进入缺氧运行，图 4-1 是强制磷剥夺运行模式示意图。

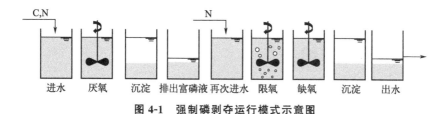

图 4-1　强制磷剥夺运行模式示意图

4.2.2　合成废水

人工合成废水组成包括 COD（乙酸）420mg/L，氯化铵 60mg/L，以及碳酸氢钠、硫酸镁、氯化钙和微量元素等。根据进水磷浓度的变化，将试验分为 7 个阶段，各阶段进水磷浓度变化见表 4-1。

表 4-1　不同运行阶段的运行模式及磷浓度

阶段	进水磷浓度	运行模式
阶段Ⅰ（第 1～3 天）短期停磷段	0mg/L	厌氧/限氧/缺氧
阶段Ⅱ（第 4～6 天）磷恢复段	5mg/L	厌氧/限氧/缺氧
阶段Ⅲ（第 7～9 天）磷加倍阶段	10mg/L	厌氧/限氧/缺氧
阶段Ⅳ（第 10～20 天）长期停磷段	0mg/L	厌氧/限氧/缺氧
阶段Ⅴ（第 21～26 天）强制磷剥夺段	0mg/L	厌氧期末进行磷剥夺
阶段Ⅵ（第 27～89 天）长期停磷段	0mg/L	厌氧/限氧/缺氧
阶段Ⅶ（第 90～112 天）磷恢复段	5mg/L	厌氧/限氧/缺氧

4.2.3 分析方法

所有水样经 0.45μm 滤膜过滤后进行测试，COD、氨氮、亚硝酸盐、硝酸盐等测定参照标准方法执行，微生物菌种分析采用 16S rRNA 进行，采用上游引物 838F：ACTCCTACGGGAGGCAGCA 和下游引物 806R：GGACTACHVGGGTWTCTAAT 对 V3～V4 区进行扩增，RNA 的提取、扩增、测序委托上海派森诺生物科技有限公司进行。

4.3 结果与讨论

4.3.1 聚磷菌对磷剥夺的响应

图 4-2 展示了系统停加磷之后磷的变化情况。由图可以看出，当系统进水停止投加磷后（阶段Ⅰ），厌氧期末释磷量从 8.92mg/L 快速降低到 4.97mg/L，在接下来的 3 天都基本保持在 4mg/L。而出水磷浓度则从 1.89mg/L 逐渐降低到了 0.34mg/L。在短期停加磷后，在阶段Ⅱ进水恢复为含磷水（5mg/L），这时厌氧期末磷浓度上升到 6.11mg/L，接下来的周期逐渐缓慢上升，稳定在 7.7mg/L 附近，出水磷浓度则表现出增加趋势，从 0.34mg/L 增加到了 1.88mg/L。经过 3 天运行后，将系统磷浓度由 5mg/L 提高到 10mg/L（阶段Ⅲ），此时厌氧期末磷浓度立刻上升到 10.75mg/L，随后上升到 12.61mg/L，最后稳定在 11mg/L 左右，好氧段吸磷量保持在 6mg/L 左右，没有受进水磷浓度变化的影响。系统再次进行进水中停加磷培养（阶段Ⅳ），厌氧期末磷缓慢下降，从 10.85mg/L（第 9 天）降低到 4.68mg/L（第 13 天），随后厌氧期末释磷保持在 4.5mg/L 左右，下降缓慢。出水磷浓度则在第 15 天开始下降到 0mg/L。在第 21～26 天（阶段Ⅴ），每天进行一次厌氧期末强制磷剥夺，在厌氧期末排出富磷上清液，再补充与排出液成分相同的无磷水进入反应器，经过磷剥夺，系统厌氧期末磷浓度快速下降，从 4.5mg/L 降到 2.3mg/L，在接下来的停磷期（阶段Ⅵ），厌氧期末释磷量逐渐降低，在第 54 天，系统厌氧期末磷浓度为 0，此时系统不再出现厌氧期释磷现象。在磷剥夺试验中，PAOs 展示了非常强的"守"磷能力，在第 13～20 天，系统厌氧期末释磷量稳定在 4mg/L，出水磷浓度保持在 0，系统内的 PAOs 厌氧期末将胞内 Poly-P 水解释放，在

接下来的好氧段全部聚回胞内。强制在厌氧期末排出富磷液，经历了20天才能将磷剥夺完全，可见PAOs的守磷能力非常强。

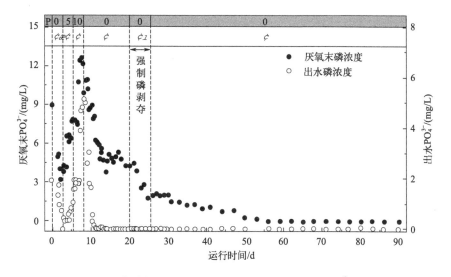

图4-2　磷剥夺过程中系统磷浓度变化情况（P为PO_4^{3-}-P）

图4-3展示了磷剥夺过程中系统氮变化情况，可发现当进水停止加磷后（阶段Ⅰ），出水总氮迅速上升，以硝酸盐为主，出水硝酸盐从加磷时的6.97mg/L上升到了16.21mg/L，进水停加磷后氮的去除率显著降低，停加磷前的氮去除率在87.95%，而停加磷后的三天内总氮平均去除率仅为72.14%，说明系统中部分氮的去除是依靠DPAOs来实现的；当恢复供磷后（阶段Ⅱ），系统出水硝酸盐又随后降低到了7.72mg/L，验证了PAOs对氮去除的贡献。而在阶段Ⅲ，当进水磷进一步提高到10mg/L时，系统总氮未出现明显变化，出水硝酸盐浓度依然在7~8mg/L，氮去除率平均在86.02%。当进水再次停止供磷后（阶段Ⅳ），出水硝酸盐浓度呈现先稳定，后上升，又下降的趋势。推测开始的稳定是由于之前过量供磷，PAOs有富余的磷应对停磷，随后上升是因为富余磷已经耗尽，受到磷缺乏的影响，导致PAOs不能正常代谢，反硝化聚磷活动被限制，因而表现出脱氮效率降低；随后出现的下降趋势则表明此时系统内聚糖代谢成为主导，DGAOs更多地参与到系统中来，通过DGAOs实现脱氮。此时的PAOs的代谢由聚磷代谢向聚糖代谢转变，PAOs在缺少磷的环境下，当无法从Poly-P中提取能量时，糖原累积代谢（GAM）很可能是PAOs的主要能量来源，会将代

谢模式由 PAM 转变为 GAM，即厌氧段吸收 COD，胞内贮存 PHA，但并不水解 Poly-P 释磷。

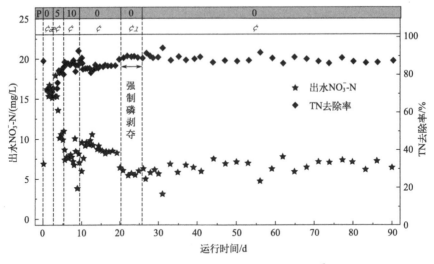

图 4-3　磷剥夺过程中系统氮变化情况（P 为 PO_4^{3-}-P）

4.3.2　磷剥夺对系统污染物去除的影响

图 4-4 展示了不同培养时期典型周期内污染物的变化趋势。由图 4-4 可以看出，磷剥夺对厌氧期 COD 的吸收产生了显著的影响，停磷前，厌氧期 COD 快速下降，在 40min 内降到了稳定水平，而停磷 3 天后［图 4-4(b)］，COD 的吸收明显变慢，厌氧期末反应器内还有 32mg/L 的 COD 未被吸收，可能是由于停磷后 PAOs 吸收 COD 受影响，PAOs 贮存 COD 速度减慢导致的 COD 下降变慢，研究报道在以乙酸为碳源的 EBPR 系统中，PAOs 会优于 GAOs 进行 COD 的吸收。图 4-4(c) 中，经过持续停磷，厌氧段 COD 下降速度高于图 4-4(b)，此时系统内部分 PAOs 已经适应缺磷环境，转为 GAM 代谢模式；磷剥夺后 30 天，系统已经完全适应了缺磷环境，此时 GAOs 占主导优势地位，厌氧段可以快速完成 COD 的吸收，COD 下降速率要快于 3 天的停磷期。

在好氧段，停加磷 3 天后的系统在曝气一开始就有硝酸盐积累，这说明此时系统内反硝化菌对亚硝酸盐的竞争能力不及 NOB，氨氮被 AOB 氧化为亚硝酸盐后即被 NOB 进一步氧化为硝酸盐；而在停加磷之前，硝酸盐通常在吸磷结束后才开始积累，表明了 PAOs 以亚硝酸盐为电子受体进行反硝化吸磷，且 PAOs 对亚硝酸盐的竞争能力较强，可以优先于 NOB 利用亚硝酸盐，从而系统在吸磷结束时才会出现硝酸盐的积累。与本研究一致，Zaman 等人在低氧环境下的 EBPR 系统中也观测到了 PAOs 优于 NOB 摄取亚硝酸盐的现象。随着持续停加磷，系统硝酸盐的累积逐渐降低，磷剥夺后硝酸盐进一步降低，此时可能是系统内 GAOs 完全占据竞争优势，DGAOs 主导的反硝化脱氮作用。

停磷第三天，后置的缺氧段反硝化速度缓慢，可能由于厌氧段 COD 吸收较慢，部分 COD 是在好氧初期曝气氧化掉，造成了碳源的浪费，因而后缺氧段无内碳源供给，导致出水硝酸盐过高；而较长时间停磷后缺氧段又恢复了较好的反硝化能力，这是可能由于此时系统微生物菌群的演替已经更适应无磷的环境。

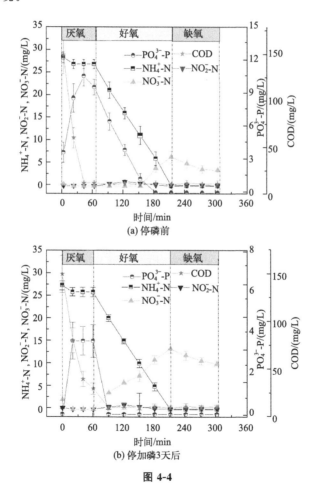

图 4-4

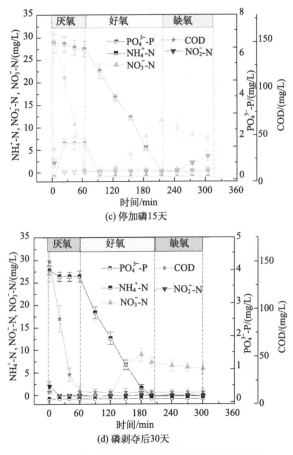

图 4-4 不同时期典型周期内污染物的变化趋势

4.3.3 磷恢复后系统污染物的去除特征

在经过了三个月的无磷培养后,在第 90 天,重新向系统供磷,以观测系统在恢复供磷后的相应变化,图 4-5 展示了恢复供磷后 23 天内(第 90～112 天)系统各项指标的变化情况。在恢复供磷的前 2 天(第 90～92 天),反应器进水后磷迅速被完全吸收,推测可能是微生物长期在缺磷环境下,对磷需求非常强烈。在第 93 天开始,磷浓度开始有变化,出水开始出现 1mg/L 左右的磷,同时系统开始出现微弱的释磷-吸磷趋势,但释磷、吸磷量不如之前,最高释磷量为 5mg/L,而出水磷浓度基本保持在 1～1.5mg/L,释磷-吸磷的重现表明系统内部分 PAOs 在恢复供磷后开始 PAM 代谢模式,进行释磷-吸磷活动。恢复供磷对系统氮的去除未产生明显的影响,第 90～112

天的出水总氮在 7mg/L 左右。

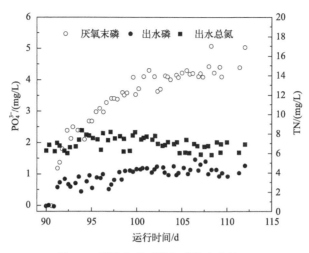

图 4-5　磷恢复后系统氮磷的变化情况

图 4-6 展示了恢复供磷 20 天后典型周期内系统各项污染物转化的情况。厌氧段 COD 的下降速率与磷剥夺后期基本相同 [图 4-4(d)]，厌氧期末磷浓度为 4.8mg/L。好氧段磷浓度先迅速下降，随后趋于平缓，而氮素的转化几乎与磷剥夺时完全一致，说明好氧段的吸磷可能是由 APAOs 完成的，DPAOs 并没有参与到氮磷的去除中，这可能由于 APAOs 较 DPAOs 更易恢复。恢复供磷后系统脱氮仍处于 GAOs 脱氮模式，而 Meng 等人研究表明 PAO 在缺磷后的再次供磷中可以迅速恢复并占据主导地位，这与本研究现象略有差异，可能原因是其缺磷周期要小于本试验，更多考察了短期缺磷时 PAO 的代谢影响，且 Meng 等人研究采用的是 *Candidatus Accumuli-*

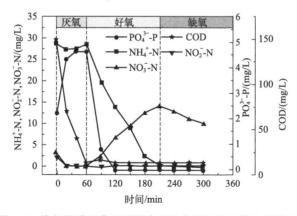

图 4-6　恢复供磷后典型周期内系统各项污染物转化的情况

bacter 富集的反应器，该菌属对缺磷环境的适应性较强。在本试验中，经过长期的缺磷环境后恢复供磷，系统会缓慢地出现释磷-吸磷现象，部分 PAOs 的代谢恢复，但难以快速恢复到停磷前的状态，同时磷的恢复并不会对系统氮去除产生影响。

4.3.4 磷剥夺对系统微生物群落的影响

为了探究磷剥夺对系统微生物群落的影响，分别在停加磷前（样品1）剥夺磷后（样品2）和恢复磷后（样品3）对系统污泥进行取样，通过高通量测序分析其微生物变化情况。

通过样品共有的和特有的 OTU 韦恩图来评估各样品微生物群落的相似性和差异性。图 4-7 展示了不同时期样品间 OTU 韦恩图，在三个样品中 OTU 总数为 623，其中三组样品共有的 OTU 数量为 33；停加磷前、剥夺磷后和恢复磷后样品 OTU 数分别为 372、203 和 260，这表明磷的剥夺对系统微生物的种类有明显影响；磷恢复后的样品与停磷前和剥夺磷后共有的 OUT 数为 101、79，占比 38.8% 和 30.4%，这表明随着运行条件的改变，微生物群落结构逐渐演替，丰富度和多样性都发生了改变。

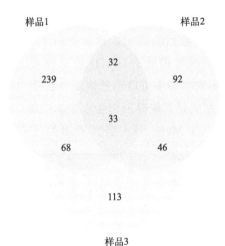

图 4-7 不同时期样品间 OTU 韦恩图

图 4-8（书后另见彩图）展示了不同时期系统内属水平上微生物的相对丰度。停加磷前属水平上的主导微生物为 *Zoogloea* (18.9%) 和 *Acinetobacter* (13%)，二者均与磷的去除有关，而在磷剥夺后，*Zoogloea* 和 *Acinetobacter* 相对丰度分别降为 0.1% 和 2.2%，磷恢复后，*Zoogloea* 相对丰度

上升到 3.8%，而 *Acinetobacter* 没有上升，可能是由于 *Acinetobacter* 菌属抗逆性弱；*Candidatus Competibacter* 是一种典型的 GAO，其相对丰度从停磷前的 4.9% 逐步升高到了 16.2% 和 23%，可见在缺磷环境下，*Candidatus Competibacter* 的生长没有受到影响，并发育成为系统中的优势菌属；*Chryseobacterium* 的相对丰度经历从 5.3% 到 0.7% 再到 30% 的变化，*Chryseobacterium* 菌属主要与 EPS 的形成有关，在缺磷环境中，其生长受到抑制，而当恢复供磷后，在磷的刺激下 *Chryseobacterium* 迅速生长，该菌也常在系统不稳定的应激环境中快速富集，该现象与微生物在应激环境中加剧分泌 EPS 的自我保护机制有关；*Dongia* 在停磷前、中、后各阶段占比分别为 0.37%、6% 和 0%，*Dongia* 是 Rhodospirillaceae 科的菌属，与有机物的降解密切相关，在有毒有机物的降解中常检测到。*Candidatus Accumulibacter* 作为典型的 PAOs，磷剥夺未对其丰度产生明显影响，在各阶段分别占比 1.54%、1.32% 和 1.45%，这与 L. Welles 等人的研究相一致，其可以在缺磷环境下转为 GAM 代谢生存，在恢复磷后迅速转变代谢模式为 PAM。*Dechloromonas* 是具备除磷能力的反硝化菌，属于 Proteobacteria 门的 β 分支，可同时利用 O_2 和硝酸盐为电子受体吸磷，是 EBPR 系统中常见的 PAOs。*Dechloromonas* 在停磷前中后分别占比 1.8%、0.1% 和 1.2%。*Tabrizicola* 属于 Rhodobacteraceae 科，该科大部分种属都与磷去除密切相关，其在各阶段占比分别为 1.8%、0.04% 和 0%。*Nitrosomonas* 是典型的

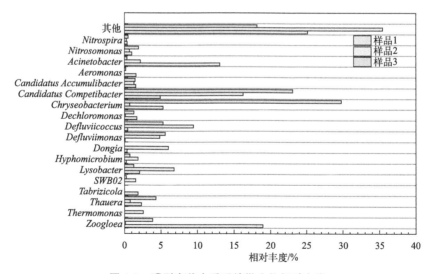

图 4-8 磷剥夺前中后系统微生物相对丰度

AOB，不同时期分别占比 1%、0.7%、2%；*Nitrospira* 为主要的 NOB，在各阶段分别占比 0.4%、0.3%、0.5%；*Defluviicoccus* 是常见的 GAOs，各阶段相对丰度分别为 0.5%、9.4% 和 5.2%。

图 4-9（书后另见彩图）展示了磷剥夺前、中、后系统主要功能菌热图，可以看出，除磷相关的功能菌对磷的剥夺有强烈响应，磷剥夺后相对丰度明显降低，而在恢复供磷后有部分回升；相反，与氮去除有关的功能菌，尤其是 DGAOs，在系统磷剥夺后相对丰度表现出明显上升，缺磷环境使脱氮相关菌群处于竞争优势，相对丰度逐渐上升；磷停加后系统 PAOs 种类与相对丰度均明显降低，而 GAOs 的数量大幅提高，在磷停加后 GAOs 会占据主导地位，因此导致 EPBR 系统崩溃。而在恢复供磷后，由于 GAOs 此时已经占据了主导地位，使 PAOs 的生存空间减少，系统难以快速恢复除磷能力，实现良好的磷去除，而在这样的情况下系统的脱氮过程都由 DGAOs 实现，氮去除受磷的限制较小。

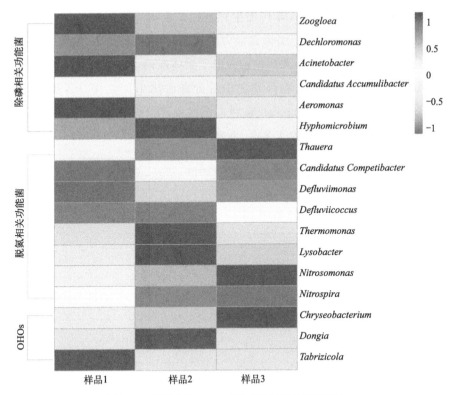

图 4-9　磷剥夺前、中、后系统主要功能菌热图

4.4 本章小结

通过对一稳定运行 SNDPR 系统进行停磷—恢复供磷—停磷并磷剥夺—再次恢复供磷,观测其污染物去除性能与微生物群落变化,得到以下结论:

① 当系统面对磷缺失时,由于环境缺磷后 DPAOs 不能参与脱氮过程,系统氮去除率降低;而随后又逐渐恢复,可能是由于 GAOs 逐步占据主导。长期的缺磷环境对系统氮去除无明显影响。

② 在系统长时间缺磷的情况下,PAOs 仍能保持良好的释磷-吸磷能力,通过释磷-吸磷活动为生命活动供能,强制磷剥夺后系统无释磷-吸磷现象,在恢复供磷后 PAOs 活性又缓慢恢复。

③ 微生物群落表明,长时期的磷剥夺使系统由 PAOs 主导(*Acinetobacter*,*Zoogloea*)向 GAOs 主导演替(*Candidatus Competibacter*,*Defluviicoccus*),即使在恢复供磷后,PAOs 在短时间内仍处于劣势地位,系统以 GAOs 为主。

第5章

聚糖菌与聚磷菌的反硝化特性与代谢机制

5.1 概述

在生物脱氮除磷过程，GAOs 与 PAOs 总是结伴而生。在厌氧过程，当以糖酵解产生的 ATP 作为能量的主要来源时，系统呈现 GAO 代谢模型，即无厌氧释磷现象出现；当以 Poly-P 分解产生的 ATP 作为能量的主要来源时，系统呈现 PAO 代谢模型，即出现厌氧释磷现象。随着进水条件或环境因素的变化，PAO 代谢机制可能转化为糖酵解代谢模式或者被 GAO 代谢所取代。Acevedo 等人发现在缺少 Poly-P 环境下，PAOs 可以快速改变为 GAO 代谢模式，且实验过程未发现 GAOs 富集，并发现 I 型 PAOs 可进行 GAO 代谢，而 II 型 PAOs 在实验结束后消失。依据 Wang 等人的计算，在 SNDPR 系统，厌氧 COD 贮存主要是由 GAOs 实现的，PAOs 在释磷过程中只贮存了 40% 的碳源，在好氧段 84.9% 的磷被好氧聚磷菌吸收，剩余的 15.1% 的磷通过反硝化聚磷实现，而 64.6% 的氮被 GAOs 去除，DPAOs 去除了 18.1% 的氮，另外 17.3% 的氮用于细胞生长。但 PAOs 与 GAOs 代谢的特征至今仍不甚清晰，例如在好氧或缺氧阶段，PAOs 与 GAOs 或者 DPAOs 与 DGAOs 哪一种的代谢速率更快，其与厌氧期的 NADH 积累有何关系至今仍不清楚。

反硝化容易被高浓度的亚硝酸盐或者 FNA 抑制，当亚硝酸盐浓度高于 20mg/L，pH 值为 7 时，Xie 等人研究发现亚硝酸盐反硝化在 FNA 的抑制下产生了大量的 NO。Wang 等人在不同的碳氮比下进行厌氧-缺氧亚硝酸盐反硝化试验，发现缺氧初期加入亚硝酸盐，会导致 NO 大量产生，并抑制了 Nor 和 Nir 的活性，导致反硝化停止。但关于 DPAOs 和 DGAOs 对高浓度亚硝酸盐的反硝化特性鲜有报道，且对于DPAOs和DGAOs反硝化过程中的还原态电子NADH的探究也仍缺乏，DPAOs、DGAOs在厌氧段NADH/NAD$^+$的改变与其反硝化特性之间的关系值得探究。

本试验通过分别观测以PAOs和GAOs主导的SBR反应器，并将An/MO/A模式不定期转变为An/A模式运行，考察了SNDPR过程限氧段DPAOs和DGAOs反硝化速率的差异，测试了厌氧期NADH和NAD$^+$的变化，基于NADH累积对DPAOs与DGAOs活性差异及DPAOs对高浓度亚硝酸盐应激反应的产物NO的积累现象给出了合理解释。本研究对深入理解DPAOs的作用机制和开发合理的反硝化聚磷工艺具有重要理论意义和实用价值。

5.2 材料与方法

5.2.1 试验装置与运行模式

试验采用两个SBR反应器（SBR1以乙酸为碳源，SBR2以葡萄糖为碳源），反应器正常运行模式为An/MO/A，运行周期均为6h，其中厌氧1h，好氧2.5~3.5h，缺氧0.5~1.5h，静沉出水0.5h，闲置0.5h；亚硝酸盐反硝化性能探究运行模式为An/A，运行周期均为6h，其中厌氧1h，缺氧4h，静沉出水0.5h，闲置0.5h。图5-1为试验装置实物图。

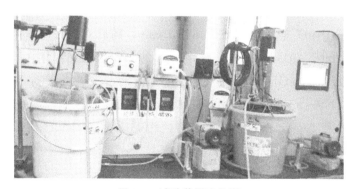

图5-1 试验装置实物图

5.2.2 合成废水

两个反应器的合成废水组成见表5-1。

表 5-1　反应器合成废水组分表

反应器	运行模式	
	An/MO/A	An/A
SBR1	$C_2H_4O_2$：420mg/L（以 COD 计）；NH_4Cl：60mg/L（以 N 计）；KH_2PO_4：5mg/L	$C_2H_4O_2$：420mg/L（以 COD 计）；$NaNO_2$：60mg/L（以 N 计）；KH_2PO_4：5mg/L
SBR2	$C_6H_{12}O_6$：420mg/L（以 COD 计）；NH_4Cl：60mg/L（以 N 计）；KH_2PO_4：5mg/L	$C_6H_{12}O_6$：420mg/L（以 COD 计）；$NaNO_2$：60mg/L（以 N 计）；KH_2PO_4：5mg/L

5.2.3　分析方法

常规项目分析检测方法见本书 2.2.3 小节，液相 NO、N_2O 通过 NO、N_2O 微电极（丹麦，Unisense）在线监测，NADH、NAD^+ 的测定方法参考 Hu 等人的研究进行，具体如下：

（1）NADH、NAD^+ 的提取

向两个离心管中各加入 4mL 的泥水混合物，记为管 A、管 B，立即在 16000RCF（RCF 为相对离心力，$RCF=1.119\times10^5\times N^2 r$，其中，$r$ 为旋转半径，N 为转速）下进行 1min 的离心，使泥水分离，之后弃掉上清液。向管 A 中加入 1.2mL 的 0.2mol/L 的 NaOH 溶液用于提取 NADH，向管 B 中加入 1.2mL 的 0.2mol/L 的 HCl 溶液用于提取 NAD^+。之后立刻将两个离心管放置于 50℃ 的恒温水浴中加热 10min，随后立即转入碎冰中，进行 5min 冰浴处理。随后将 1.2mL 0.1mol/L 的 HCl 溶液加入管 A，将 1.2mL 的 0.1mol/L 的 NaOH 溶液加入管 B，然后对两支离心管进行离心，在 16000RCF 下离心 1min，此时分别将管 A、管 B 上清液倒入新的离心管 C、管 D，并将管 A、管 B 烘干，称量管内污泥质量。将管 C（NADH 提取液）、管 D（NAD^+ 提取液）冷藏待测。

（2）NADH、NAD^+ 的测定

在 10mm 的石英比色皿中依次加入 330μL 1mol/L 的 pH 值为 8 的 Bicine 缓冲液，330μL 的无水乙醇，330μL 40mmol/L 的乙二胺四乙酸（EDTA），330μL 的 4.2mmol/L 的噻唑蓝（MTT），660μL 16.6mmol/L 的吩嗪硫酸乙酯（phenazine ethosulfate，PES），990μL 的去离子水，500μL

的待测样品。注意配置好后的 PES 溶液需在 -60℃ 避光保存，使用前冷藏解冻，整个加入过程应全程避光。之后将石英比色皿放入分光光度计中，随后加入 300μL 的乙醇脱氢酶溶液（0.8mg 的乙醇脱氢酶溶于 0.1mol/L pH 值为 8 的 Bicine 缓冲液中配置而成，现用现配），并用注射器针头搅拌使比色皿中样品充分混匀。于 570nm 下时间扫描模式进行测量吸光度，每 6s 一计数，直到吸光度大于 1，停止测定，对所得数据进行时间-吸光度曲线拟合，取线性部分斜率值代入标准曲线中，即可计算得到待测 NADH、NAD^+ 的浓度。

5.3 结果与讨论

5.3.1 不同系统的污染物去除特征

图 5-2 展示以乙酸为碳源的 SBR1 和以葡萄糖为碳源的 SBR2 的氮磷去除情况，可以看到，在碳氮比为 7 时，乙酸反应器脱氮性能略高于葡萄糖反应器，乙酸 SBR1 总氮去除率为 87.73%，好氧段 SND 效率为 77.38%；葡萄糖 SBR2 的总氮去除率为 80.03%，SND 效率为 65.07%。而二者在除磷能力上展现出了明显的差异，经过一个月的驯化后乙酸反应器展现出了明显的释磷-吸磷现象，实现的 PAOs 富集，而葡萄糖反应器经过两个多月的驯化培养，依然没有实现 PAOs 的富集，反应器内的主要菌为 PAOs。乙酸较葡萄糖更容易实现 PAOs 的富集，这是由于乙酸作为挥发性脂肪酸，相对葡萄糖有更高的亲和力，更容易被 PAOs 利用，因此，形成了以 PAOs 为主导菌的乙酸 SNDPR 系统和以 GAOs 为主导的葡萄糖 SND 系统。相比之下，乙酸系统厌氧段的 COD 下降明显快于葡萄糖系统，乙酸本就比葡萄糖更容易被吸收，且 PAOs 有更强的贮存碳源的能力，因此，乙酸系统表现出了快速的 COD 下降。乙酸系统在厌氧段 COD 下降的同时磷浓度逐渐升高，这表明大量的 COD 被 PAOs 贮存，伴随着水解释磷。而葡萄糖系统厌氧段磷浓度基本没有变化，说明系统中并没有成功富集 PAOs，则 COD 的吸收主要是由 GAOs 和普通异养菌来实现的。在好氧段，二者有近乎相同的氨氧化速率，说明碳源对氨氧化细菌的影响不大，而对反硝化有一定影响，乙酸系统的总氮去除、SND 效率均略高于葡萄糖系统，这可能与部分 PAOs 参与到脱氮中来有关。

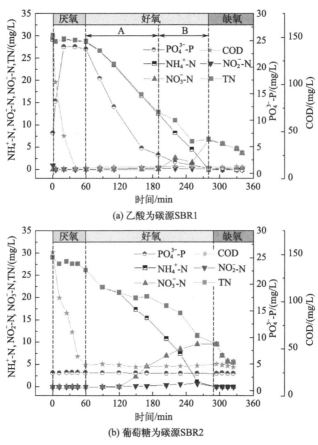

图 5-2 不同碳源下典型周期内碳氮磷的转化情况

在 SNDPR 系统中，好氧期主要存在以下 5 种反应：①AOB 氨氧化，②GAOs 利用 PHA 好氧生长，③DGAOs 利用 PHA 及硝酸盐缺氧生长，④APAOs 利用 PHA 好氧生长并聚磷，⑤DPAOs 利用 PHA 及硝酸盐缺氧生长并聚磷。图 5-2 展示了两个反应器典型周期下的碳、氮、磷变化情况。在厌氧段，PAOs 贮存乙酸为 PHA 同时释放胞内磷到环境中，液相磷浓度增加。在好氧段，液相磷浓度在 60～190min 快速下降 [图 5-2(a)，A 区]，而在 190～300min 下降略慢 [图 5-2(a)，B 区]，为了更好地探究系统的磷去除机理，将反应器中的泥取出，均分为 3 份进行烧杯试验，比较其在氧气、亚硝酸盐、硝酸盐这三种不同电子受体下的吸磷情况。为了避免高浓度亚硝酸盐对微生物的抑制作用，亚硝酸盐和硝酸盐每次加入 10mg/L，分三次加完。

图 5-3 展示了不同电子受体下的磷去除情况。系统在亚硝酸盐、氧气、

硝酸盐下的吸磷速率分别为 0.262mg/(L·min)、0.298mg/(L·min) 和 0.415mg/(L·min)，这表明了硝酸盐下的吸磷量大于亚硝酸盐，这与 Wang 等人的结果一致，说明系统中存在可以以硝酸盐为电子受体进行吸磷的 DPAOs。在 DO 为 0.1~0.25mg/L 的限氧环境下，硝酸盐反硝化聚磷是主要的磷去除途径，因此在图 5-2(a) 的 A 段，磷快速下降，且没有硝酸盐产生，此时由 DPAOs 反硝化主导反应；然而在 B 段出现硝酸盐产生，且吸磷速度明显降低，而基于稳定的氨氧化速率，则 B 段硝酸盐消耗速率降低，吸磷的受体不再为硝酸盐，而是氧气，则 B 段的反硝化为 DGAOs 起作用。

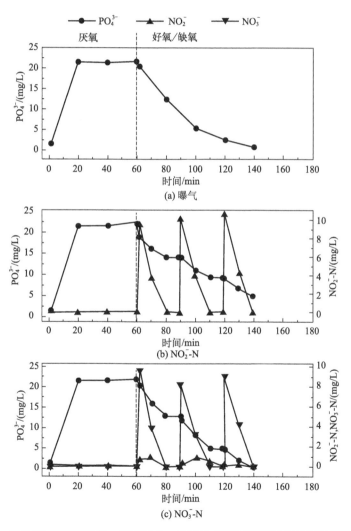

图 5-3 SNDPR 系统在氧气、亚硝酸盐、硝酸盐三种不同电子受体下的吸磷情况

5.3.2 不同系统下 NADH 的积累特征与亚硝酸盐反硝化特征

目前，大量的研究都关注在 PHA、碳源、Poly-P 等因素对反硝化速率的影响上，而关于 NADH 的探究较少。NADH 和 NAD^+ 是一对电子载体，是维持胞内氧化还原状态和代谢平衡的重要因素，反硝化过程依靠 $NADH/NAD^+$ 参与呼吸链，传递电子。在本研究中，对 SNDPR 和 SND 系统中典型周期内 NADH 和 NAD^+ 的变化情况进行监测（图 5-4），结果表明在以 PAOs 主导的 SNDPR 系统中，厌氧段磷的释放伴随着 NADH 的积累，相反，在 GAOs 主导的 SND 系统中厌氧段 NADH 几乎没有变化。这一现象表明 DPAOs 的电子传递链活性比 DGAOs 更强，因此 DPAOs 的反硝化速率更高。

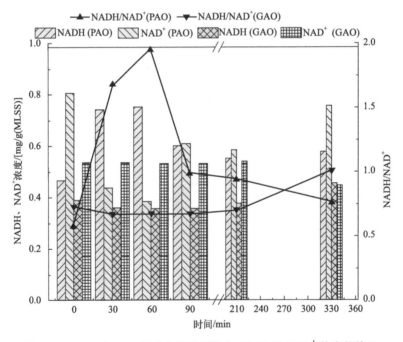

图 5-4 SNDPR 和 SND 系统中典型周期内 NADH 和 NAD^+ 的变化情况

传统的生物除磷理论认为，在厌氧期 DPAOs 利用糖原提供还原力，利用胞内 Poly-P 水解提供 ATP，实现乙酸向胞内 PHA 的转化和贮存。这一过程中胞内 PHA 和液相 PO_4^{3-} 浓度升高，胞内 Poly-P、糖原和液相乙酸浓度降低。Brenda Acevedo 等人发现在缺少 Poly-P 的环境下，一部分 PAOs 会改为 GAOs 代谢，而还有部分 PAOs 会被淘汰。这说明一些 PAOs 只能在聚磷系统中存在，其有不同于 GAOs 的代谢方式，他们需要积累 NADH 来降低氧化还原电位，从而释磷，合成 PHA。如图 5-5（a）所示，1mol 糖原分解为 2mol 丙酮酸，产生 8mol 的电子和 3mol ATP，其中 6mol 用于合成 PHB，剩余的 2mol 电子积累在电子传递链上，积累的电子作为信号因子，驱使聚磷分解提供能量，将乙酸贮存为 PHA。厌氧初期胞内聚磷量较多，较少的电子积累就足够驱使聚磷分解。而厌氧后期，胞内 Poly-P 量减少，需要较多的电子积累才能够驱使聚磷分解。因此，厌氧期，PAOs 系统中 NADH 含量是增加的，且较高的 $NADH/NAD^+$ 可以促进 PHA 的合成。如图 5-4 所示，在厌氧段，聚磷系统中的 NADH 浓度从 0.44mg/g（MLSS）增加到 0.76mg/g(MLSS)，$NADH/NAD^+$ 从 0.53 增加到了 1.98。

图 5-5(b) 解释了以葡萄糖为碳源的 GAOs 代谢过程中的电子积累情况，1mol 葡萄糖厌氧发酵为 2mol 丙酮酸，产生 2mol ATP 和 2mol NADH。丙酮酸进入甲基丙二酰（methylmalonyl-CoA）代谢途径，最终生成 1 单位的 PHV。在这个代谢中，NADH 被完全消耗［从丁酮二酸(oxaloacetic acid) 到苹果酸（malate）到琥珀酸（succinate），从乙酰辅酶 A（$CH_3CO-SCoA$）到 PHV］。TCA 循环产生 1mol 丙酰辅酶 A，另 1mol 丙酮酸经脱羧脱氢后形成 1mol 乙酰辅酶 A，1mol 丙酰辅酶 A 与 1mol 乙酰辅酶 A 合成 1 个单位 PHV（PHV 链长增加一个单位）。同时葡萄糖生成丙酮酸过程中释放 2 个 ATP，其中 1 个 ATP 用于转化 1mol 乙酸为 1mol 乙酰辅酶 A，1mol 乙酰辅酶 A 被 0.5mol NADH 还原为 0.5mol 单位 PHB。整个过程所需能量及还原力均由葡萄糖分解代谢提供。在葡萄糖分解代谢释放的能量均被利用的情况下，厌氧过程 ETC 上没有电子积累。因此，GAOs 系统的 NADH 在厌氧前后基本不变，无明显积累现象。如图 5-4 所示，GAOs 系统在厌氧段 NADH 从 0.39mg/g（MLSS）到 0.38mg/g（MLSS），没有积累。

5.3.3 NADH 的积累和 DPAOs 和 DGAOs 对亚硝酸盐应激反应的产物

如图 5-2 所示，在正常运行的 SNDPR 系统中，亚硝酸盐的浓度是较低的，一般不会造成对 DPAOs 和 DGAOs 活性的抑制。但是，在处理垃圾渗滤液等高浓度氨氮废水时，或系统运行不正常的情况下可能存在亚硝酸盐的积累，并导致系统的损害。为探讨在高浓度亚硝酸盐积累情况下 DPAOs 和 DGAOs 的应激响应，本试验研究了将 An/MO/A-SBR 系统转变为 An/A-

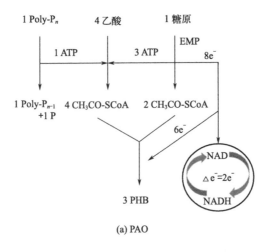

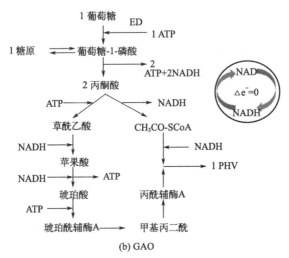

图 5-5 以乙酸为碳源的 PAOs 与以葡萄糖为碳源的 GAOs 厌氧代谢模型

SBR 系统，并投加高浓度亚硝酸盐时系统的应激代谢产物。结果如图 5-6 所示。

图 5-6(a)，(b) 表明在缺氧初期投加了 30mg/L 亚硝酸盐后，出现了快速的 NO 和 N_2O 的积累，而且 NO 的积累达到了毒性抑制相关酶（Nos、Nor 及 Nir）活性的程度。图 5-5(c) 展示了向 SND 系统中添加 30mg/L 的亚硝酸盐，产生了 0.1mg/L 的 NO 和 0.56mg/L 的 N_2O。而 SNDPR 系统在亚硝酸盐添加后产生了 3.6mg/L 的 NO 和 9.2mg/L 的氧化亚氮。图 5-6(a) 中 N_2O 曲线由快速上升到平缓再到快速上升，其平缓段即为 NO 毒性抑制 Nor 阶段。本研究推测这一现象的原因与高浓度亚硝酸盐（或 FNA）和 Mred（包括 NADH、NADPH 等还原态电子载体的总量）的共同作用有关。

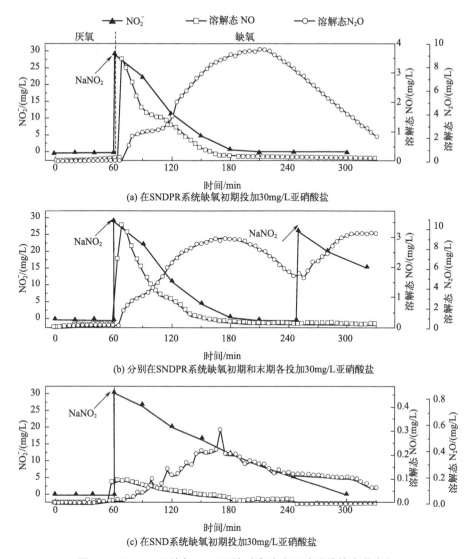

图 5-6 SNDPR 系统与 SND 系统对高浓度亚硝酸盐的应激产物

在正常运行的 An/MO/A SBR 中，没有 NO 的明显升高，这说明仅有厌氧段的 Mred 还不足以造成 NO 的积累。Mred 积累的结果仅仅导致了 DPAOs 反硝化速率优先于 DGAOs。但是，在 An/A-SBR 系统的缺氧期的后期投加高浓度亚硝酸盐时并没有明显导致 NO 的积累 [图 5-6(b)]，这说明仅有高浓度的亚硝酸盐不足以导致 NO 浓度的升高。NO 积累的机制是高浓度亚硝酸盐（或 FNA）抑制了 Nor 的活性，同时 DPAOs 因 Mred 积累而具有的快速反硝化速率两种因素共同作用导致了 NO 的快速积累。积累的

NO 浓度过高的情况下，NO 毒性进而抑制 Nor 和 Nir 的活性，使得生成 N_2O 和 NO 的反应均停止进行。

5.4 本章小结

通过对具有除磷性能的 SNDPR 系统和不具除磷性能的 SND 系统的氮磷去除性能、对高浓度亚硝酸盐的应激反应及 $NADH/NAD^+$ 对比测试研究，得到以下结论：

① SNDPR 系统厌氧释磷过程中 DPAOs 胞内 NADH 浓度升高，而 DGAOs 厌氧贮存 PHA 的过程中没有观测到 NADH 的积累。

② DPAOs 的反硝化速率高于 DGAOs，可能是其厌氧期内胞内还原态电子的积累导致的。

③ 高浓度亚硝酸盐环境下 DPAOs 反硝化产生高浓度 NO 积累，而 DGAOs 反硝化只产生少量 NO 积累。亚硝酸盐（或 FNA）抑制和 DPAOs 在厌氧期还原态电子积累两个因素的共同作用是 NO 积累的原因。

第6章

限氧同步硝化反硝化颗粒污泥系统的性能探究

6.1 概述

近年来,颗粒污泥在污水处理中颇具前景。颗粒污泥具有高生物量、良好的沉降性能,可以减少33%的澄清池体积,节约25%~55%成本。而颗粒污泥自身有好氧、缺氧、厌氧的氧传质分区,为各种不同的微生物提供了良好的载体,因此,颗粒污泥可以作为SNDPR系统的良好载体。

许多研究已经证明了颗粒污泥在SNDPR系统中的可行性。而颗粒污泥通常在较高的DO环境下运行(1~3mg/L),高的曝气量可以促进颗粒的快速形成,也有利于AOB的生长。而从节能的角度考虑,SNDPR系统则更倾向于低的DO水平,低的DO可以抑制NOB的活性,有利于脱氮实现亚硝化-反硝化途径,以节省碳源。因此,颗粒污泥和SNDPR系统耦合需考虑其二者之间不同的DO需求,以实现节能高效稳定的污水处理工艺。

本试验探究了长期限氧环境下(0.05~0.2mg/L)颗粒污泥SNDPR系统的可行性,通过饥饿-饱食策略和逐步缩短沉降时间的方式,实现了颗粒污泥的快速启动,并长期监测系统氮磷的转化和颗粒特性,探究系统稳定运行的条件。通过进行批次试验,探究不同功能菌对系统氮磷去除的贡献。为优化颗粒污泥有效处理低碳废水中的污染物提供了可行的途径。

6.2 材料与方法

6.2.1 试验装置与运行模式

本试验采用直径为19cm,有效容积为8L的有机玻璃制成圆柱形SBR。

反应器排水比为 3.5/8。温度由恒温水浴控制在 28℃，曝气速率通过转子流量计控制在 300～400mL/min，反应器运行由 PLC 系统控制。接种污泥取自实验室—以葡萄糖为碳源的 A/O/A-SBR，种泥 MLSS 为 6000mg/L，SV_{30} 为 30%左右。

根据进水组成和系统性能的差异，将反应器运行划分为 4 个阶段。

阶段Ⅰ（第 1～24 天）为启动阶段，反应器进水碳氮比为 7，每周期为 6h，包括进水 5min，厌氧搅拌 60min，曝气搅拌 120～270min，系统进行实时 DO 监控，当 DO 达到 0.2mg/L 时，曝气自停止。每间隔三个周期（即每天一个周期）将反应器的进水改为清水并且其他保持正常运行，静沉时间从第一天的 20min 逐渐缩短到第 24 天的 2min。

阶段Ⅱ（第 25～40 天），系统在厌氧/限氧/缺氧模式下稳定运行，进水碳氮比为 7。在阶段Ⅲ（第 41～62 天），进水氨氮浓度从 60mg/L 增加到 84mg/L，碳氮比降为 5。在接下来的阶段Ⅳ（第 63～166 天），氨氮浓度再次增加到 105mg/L，碳氮比降低到 4。各阶段的进水组成见表 6-1。

表 6-1 试验不同阶段合成废水组分表

$NH_4Cl/$ [mg(N)/L]	COD/ (mg/L)	PO_4^{3-}-P/ (mg/L)	$NaHCO_3/$ (mg/L)	$MgSO_4/$ (mg/L)	$CaCl_2/$ (mg/L)	营养液/ (mL/L)
阶段Ⅰ,Ⅱ:60 阶段Ⅲ:84 阶段Ⅳ:105	420	5	阶段Ⅰ,Ⅱ:650 阶段Ⅲ:910 阶段Ⅳ:1170	15	20	1

6.2.2 批次试验

（1）试验 1：探究 SNDPR 系统在不同曝气速率下的性能

为了探究系统在不同曝气速率下污染物去除的性能，分别采用 300mL/min、500mL/min 和 700mL/min 三组不同的曝气速率进行试验。三组试验中系统除曝气速率外其余运行条件均保持一致。对不同试验条件下氮素、磷和溶解氧的变化情况进行监测。

（2）试验 2：探究硝酸盐和亚硝酸盐作为电子受体时的反硝化吸磷特性

为了更好地探究 DPAOs 对系统氮磷去除的贡献，系统进行厌氧-缺氧运行，系统进水中不添加氨氮，厌氧期末，以 0.13mg(N)/(L·min) 的速度将硝酸盐/亚硝酸盐溶液用蠕动泵滴加到 SBR 中，这个速度与系统正常运行时的氨氧化速度相同，监测整个过程氮化合物和磷的变化。

(3)试验3：探究低氧环境下好氧吸磷特性

本试验探究在限氧环境下磷的去除特性，系统进水不添加氨氮，An/O模式运行，厌氧60min，好氧270min。好氧段DO浓度控制在与日常限氧运行相同（0.01~0.2mg/L），监测系统中的溶解氧和磷浓度。

6.2.3 分析方法

水样经过滤后进行分析测试，COD、磷、氨氮、亚硝酸盐、硝酸盐、MLSS和SV_5等依照标准方法进行测量。

污泥粒径通过马尔文粒度分析仪Mastersizer 2000（Malvern）检测。污泥表面镜检通过双目生物显微镜（XSP-3CB，SOIF，上海）进行观测，颗粒污泥扫描电镜（SEM）通过TESCAN MIRA4进行观测，观测前需进行预处理，方法如下：

① 筛选：从反应器中取出一定体积的混合污泥，经不锈钢筛对污泥进行筛选后用蒸馏水冲入培养皿中。

② 固定：选取粒径较大，形态饱满的颗粒进行固定，在50%的FAA溶液（50mL无水乙醇，5mL冰醋酸，5mL福尔马林，去离子水定容至100mL）中浸泡五分钟，倒掉上清液，再次浸泡五分钟，重复浸泡清洗三次后，在50%的FAA溶液中浸泡15h，然后倒掉上清液，再用70%的FAA溶液（无水乙醇70mL，冰醋酸5mL，福尔马林5mL，去离子水定容到100mL）浸泡9h，样品固定结束。

③ 脱水：固定结束后的样品立刻转移到50%的乙醇溶液中浸泡3.5h，随后转移到75%的乙醇溶液中浸泡3.5h，最后到无水乙醇中浸泡3.5h。

④ 干燥：采用真空冷冻干燥机对脱水后的样品进行干燥。

⑤ 喷金：采用离子溅射器在干燥后的样品表面镀一层金膜。

胞外聚合物（EPS）的提取采用热提法，方法如下：均匀取30mL的泥水混合液，放入50mL离心管中，在10000RCF离心3min后倒去上清液。向离心管中加入0.9%的氯化钠溶液补足体积，再次在10000RCF离心3min后倒去上清液，重复三次，后加入0.9%的氯化钠溶液至30mL，将离心管放入80℃的恒温水浴中加热30min，然后10000RCF离心20min，将上清液经0.45μm的滤膜过滤后移入洁净离心管中待测。多糖采用蒽酮-硫酸法以葡萄糖为标样测定，蛋白质采用改进的Lowry法以牛血清蛋白为标样测定；三维荧光光谱用来表征EPS中主要荧光物，采用荧光光度计（Perkin

Elmer Fluorescence Spectrometer LS55）进行分析，激发（Ex）和发射（Em）波长范围分别为 200～445nm 和 270～595nm，步长均为 5nm。狭缝宽度设置为 10nm，扫描速度 1200nm/min。去离子水作为空白从样品中扣除以后用于绘制等高线图。

微生物菌种分析采用 16S rRNA 进行，采用上游引物 838F：ACTCCTACGGGAGGCAGCA 和下游引物 806R：GGACTACHVGGGTWTCTAAT 对 V3～V4 区进行扩增，RNA 的提取、扩增、测序委托上海派森诺生物科技有限公司进行。

6.2.4 计算

采用质量平衡计算来评估系统氮磷的代谢转化途径，以评估 DPAOs、APAOs 和 DGAOs 对氮磷去除的贡献，用到以下公式：

$$PAO_{an,cod} = PRA \div Y_{PO_4^{3-}} \tag{6-1}$$

式中，$PAO_{an,cod}$ 为 PAOs 厌氧贮存的 PHA 量，g(COD)/L；PRA 为 PAO 厌氧段的释磷量，g/L；$Y_{PO_4^{3-}}$ 为贮存单位 PHA（COD）所释放的磷量，采用 0.4g(P)/g(COD)。

$$PAO_{uptake,cod} = PUA \times Y_{PHA} \tag{6-2}$$

式中，$PAO_{uptake,cod}$ 为 PAOs 吸磷过程中的 PHA 的消耗量，g(COD)/L；PUA 为 PAOs 缺氧或好氧下的吸磷量，g/L；Y_{PHA} 为吸收单位磷所消耗的 PHA 量，采用 0.2g(COD)/g(P)。

$$PAO_{uptake,NO_2} = \frac{PAO_{uptake,cod}}{1.71} \tag{6-3}$$

式中，PAO_{uptake,NO_2} 是通过反硝化吸磷过程反硝化掉的亚硝酸盐的量，g/L。

$$PAO_{growth,cod} = PAO_{an,cod} - PAO_{uptake,cod} \tag{6-4}$$

式中，$PAO_{growth,cod}$ 是 PAO 生长过程消耗的 PHA 的量，g(COD)/L。

$$PAO_{growth,NO_2} = PAO_{growth,cod} \times \frac{1-Y_H}{1.71} \tag{6-5}$$

式中，PAO_{growth,NO_2} 是基于 PAO 生长所消耗的亚硝酸盐，g/L；Y_H 是 PAO 在缺氧环境下的产率，采用 0.6g(PHA COD)/g(PAO COD)；1.71 为反硝化 1g 亚硝酸盐所需要的 COD。

6.3 结果与讨论

6.3.1 系统污泥特性

图 6-1 展示了长期运行过程中的污泥特性，MLSS 从第一天的 5876mg/L 增加到了 7784mg/L（第 62 天），随后稳定在 8000mg/L。污泥磷浓度从第一天的 16.01mg/g 快速增加到了 32.48mg/g（第 40 天），厌氧释磷量也显著增加，二者都是 PAOs 富集的表现。系统运行的第一天，显微镜下可以明显地观察到丝状菌，污泥呈絮状，沉降性能一般，SV_5 为 71%。在 14d 培养后，絮状污泥形成了小的内核，在 100 倍的显微镜下可以观察到清晰的内核。沉降速度明显提高，SV_5 达到了 27%。在第 45 天，颗粒更加明显，颗粒形态更加趋于球形，且表面更平滑。颗粒的快速形成可能与系统中 PAOs 的迅速生长有关，PAOs 由于聚 PHA，更容易沉降形成颗粒。同时，每隔三个周期的反应器进水改为清水的饥饿-饱食策略，有利于系统中颗粒污泥的形成，而逐步缩短沉降时间方式，利用了颗粒污泥和絮状污泥沉淀速度的差异，通过逐步排放上清液中部分未沉降的絮状污泥，从而加快了颗粒料污泥的形成。图 6-4(c) 展示了成熟的颗粒污泥在 200、2000 和 10000 倍放大倍数下的扫描电镜图像，可以看出污泥粒体结构紧凑，表面分布了很多

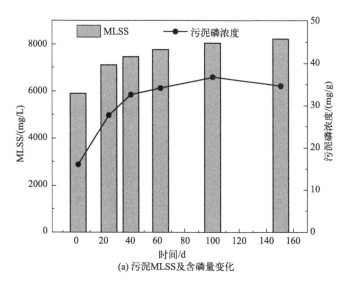

(a) 污泥MLSS及含磷量变化

图 6-1

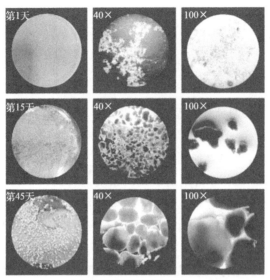

(b) 双目显微镜观测污泥形态

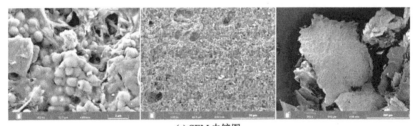

(c) SEM 电镜图

图 6-1 颗粒污泥性质

孔洞，这些孔洞的存在为氧气和氮磷等营养物质的传输提供了通道。颗粒表面布满了球状菌，还有丝状菌穿过颗粒，与球状菌紧密结合，形成了密实的颗粒骨架。

图 6-2（书后另见彩图）展示了典型周期颗粒污泥 EPS 特性，EPS 对颗粒污泥的形成和结构维持具有重要的作用，可以看到随着反应进行微生物的蛋白质（PN）、多糖（PS）分泌量都有所增加，EPS 含量从 39.34mg/g(MLVSS) 增加到 44.44mg/g(MLVSS) [图 6-2(d)]。研究表明好氧颗粒污泥中 EPS 特别是 PN 含量的增长有利于维持颗粒的结构稳定性，颗粒污泥通过分泌更多的 EPS 来响应系统运行过程中基质的消耗，同时更多的 EPS 也有利于维持颗粒污泥的沉降性能。

本研究采用3D-EEM来表征周期内颗粒污泥中提取出来的EPS，其荧光光谱图如图6-2(a)～(c)所示。根据图6-2结果和文献对照，各个主要物质的峰位和相应成分如表6-2所示。EPS样品中分别检出五个主要的峰（记为A、B、C、D和E），根据Chen等人的研究可以得知对应的物质分别为色氨酸和蛋白质类物质（峰A）、细胞产物（峰B）和腐殖酸类物质（峰C、D、E）。相似的峰位表明EPS样品中具有相同的主要物质，说明随着反应进行，EPS中的主要荧光组分从色氨酸向细胞产物腐殖酸类物质转移，EPS之间的荧光强度差别较大，峰C、D、E荧光强度值逐渐增加，说明样品中腐殖酸类组分的浓度随着时长的递增，与图6-2(d)中EPS含量（主要是PN）增加趋势一致。Qu等人和Sheng等人研究表明峰位和峰值的变化与特定微生物的增殖有关，同时衰老细胞的凋亡、解体以及大分子有机物如PN和PS等的分解都可能引起腐殖酸类物质的增加。周期内EPS相应物质的含量的变化反映了颗粒污泥系统对于厌氧好氧运行的微观响应。

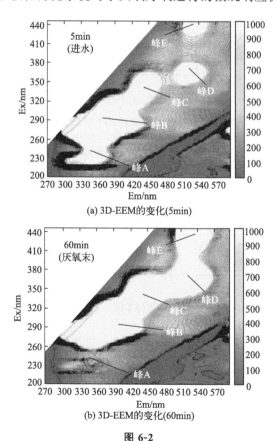

(a) 3D-EEM的变化(5min)

(b) 3D-EEM的变化(60min)

图6-2

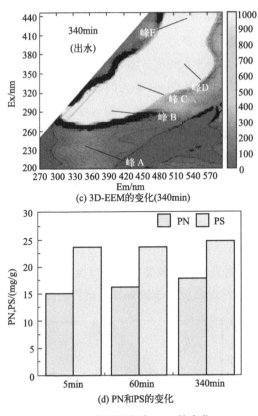

图 6-2 典型周期内 EPS 的变化

表 6-2 EPS 的 3D-EEM 荧光谱图峰位和对应物质

分区	Ex/nm	Em/nm	物质
Ⅰ	200～250	270～330	芳香族蛋白质
Ⅱ	200～250	330～380	蛋白质
Ⅲ	200～250	380～550	富里酸
Ⅳ	250～400	270～380	可溶性细胞副产物,蛋白质
Ⅴ	250～400	380～550	腐殖酸

6.3.2 系统中 COD,N,P 去除特征

图 6-3 展示了在整个培养中系统 COD、氮和磷的变化情况,整个过程中 COD 去除率达到 95.06%。在第一阶段（1～24 天）,系统在碳氮比为 7 的条件下启动运行。相比第一天,在第 24 天,系统总氮去除率从 72.09% 增加到 92.44%,系统脱氮能力显著增强。同时,系统的释磷量也表现出明显增加,从厌氧释磷量从第一天的 10.35mg/L 增加到了 34.68mg/L（第 24

天)。第一阶段的总氮和磷去除率分别为(84.36±6.03)%和(94.53±3.02)%。在第二阶段(25~40天),系统运行逐渐稳定,出水总氮和磷浓度分别为1.94mg/L和0.07mg/L,总氮和磷去除率分别为(96.83±8.78)%和(96.34±3.33)%。在第三阶段(41~62天),进水氨氮浓度从(61.35±1.14)mg/L增加到(85.24±0.63)mg/L,碳氮比从7降低到5。增加的氨氮导致了出水总氮浓度增加,且以硝酸盐为主,在第三阶段的出水总氮和硝酸盐分别为4.2mg/L和3.6mg/L,系统磷去除良好,平均出水磷浓度在0.01mg/L,系统的总氮和磷去除率分别为(95.05±0.78)%和(99.85±0.49)%。在接下来的第四阶段,氨氮浓度增加到(106.55±1.58)mg/L,碳氮比降低到4。此时出水硝酸盐浓度上升到7.71mg/L,总氮去除率略有降低,为(91.59±1.63)%,在碳氮比为4的情况下,系统仍表现出良好的除磷效果,出水磷平均浓度为0.01mg/L,磷去除率为(99.81±0.66)%。在整个运行周期,系统的总氮和磷去除率分别为91.27%和98.98%。

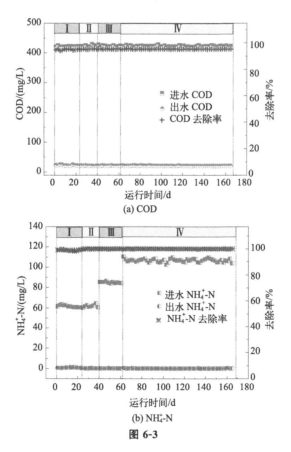

图6-3

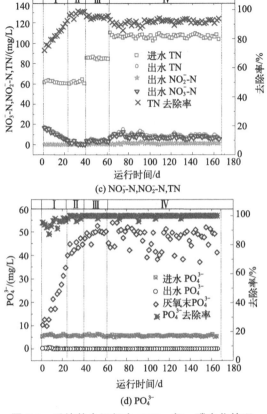

图6-3 系统整个运行中COD、氮、磷变化情况

图6-4展示了在不同碳氮比下典型周期内COD、N、P、ORP、pH值和DO变化趋势。COD进水后迅速被吸收，而不同碳氮比下氮的去除表现出明显的差异。当碳氮比为7时，整个过程中几乎没有硝酸盐的产生。然而当碳氮比降为5时，系统硝酸盐浓度增到了6.89mg/L，硝酸盐浓度在碳氮比为4时增加到了9.55mg/L。碳氮比越低，导致了系统剩余的总氮越高，这是由于没有足够的碳源进行反硝化。碳氮比从7到5再到4，系统的SND效率则从98.81%降到83.09%再降到75.76%。而在不同碳氮比下，系统磷去除效果良好。

图6-5展示了不同曝气速率下的COD、N和P去除情况。氨氧化速率受到曝气量的影响十分明显。在曝气量分别为300mL/min、500mL/min及700mL/min的情况下，氨氧化完全各需要360min、270min和210min，氨氧化速率分别为0.17mg(N)/(L·min)、0.23mg(N)/(L·min)及0.32mg(N)/(L·min)。在不同的曝气量下，硝酸盐的产生情况也不相同。

曝气量越大，硝酸盐产生越快。在 300mL/min、500mL/min 及 700mL/min 的曝气量下，硝酸盐分别在第 240min、180min 和 120min 出现，且随着曝气量的增大，硝酸盐的最高浓度从 10.17mg/L 增加到 15.11mg/L 和 18.41mg/L。不同曝气量下的亚硝酸盐变化不明显。曝气量分别为 300mL/min、500mL/min 及 700mL/min 时，700mL/min 曝气量在 170~250min 展示了更好的总氮去除率，而 250min 后，由于硝酸盐的积累，总氮去除降低。当反应进行到 250~330min，300mL/min 的曝气量展示了更好的氮去除效果。由于高曝气量下的氨氧化更快，因此高曝气在反应前期表现出较好的氮去除效果，然而高曝气会导致高的硝酸盐产生，因此总的来看低曝气的脱氮效率更高。300mL/min、500mL/min 及 700mL/min 的曝气速率下氮去除率分别为 90.31%、87.66% 和 85.86%。

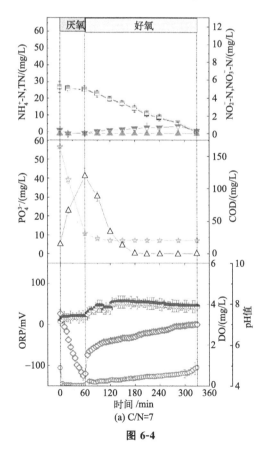

(a) C/N=7

图 6-4

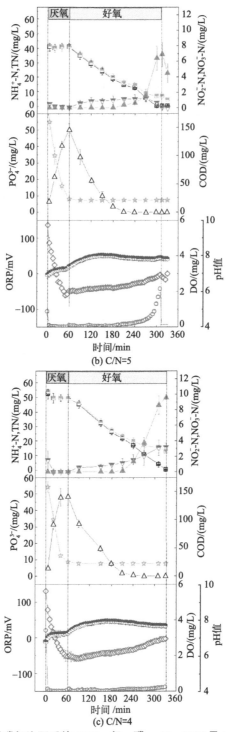

图 6-4　不同碳氮比下系统 COD、氮、磷、pH、ORP 及 DO 变化情况

这三个周期的厌氧释磷量基本一致，分别为 50.1mg/L、49.27mg/L 和 51.05mg/L，而磷吸收则随着曝气速率变化有明显差别，分别在第 270min、210min 和 170min 完成吸磷。当曝气量为 700mL/min 时，吸磷速率为 0.46mg/(L·min)，明显高于曝气量 500mL/min[0.32mg/(L·min)] 和 300mL/min[0.23mg/(L·min)]。

6.3.3 系统氮磷代谢路径

为了更好地探究系统氮磷的代谢路径，进行了不同电子受体下的磷吸收试验（图6-6）。将硝酸盐/亚硝酸盐按照 A/MO 运行时的氨氧化的速率由蠕动泵滴加入反应器中，硝酸盐、亚硝酸盐一进入反应器立刻被系统反硝化掉，整个过程中都没有观测到硝酸盐和亚硝酸盐的累积。

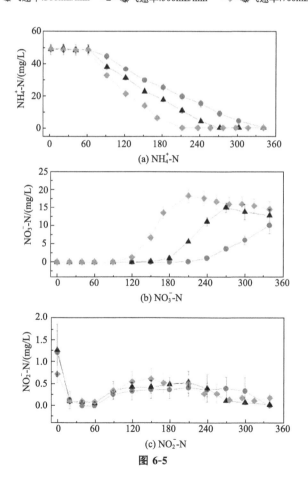

图 6-5

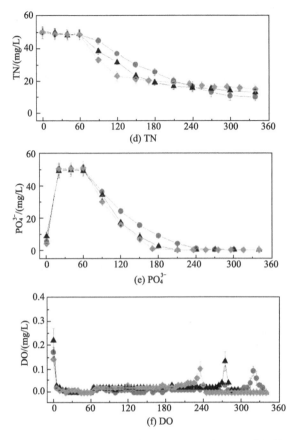

图 6-5　不同曝气速率下系统 COD、氮、磷及 DO 变化情况

当亚硝酸盐作为电子受体时，系统反硝化吸磷量为 20.02mg/L，磷吸收速率为 4.45mg/(L·h)。硝酸盐作为电子受体时，反硝化吸磷量为 25.47mg/L，吸磷速率为 5.66mg/(L·h)。硝酸盐为电子受体时反硝化吸磷量高于亚硝酸盐，说明系统中存在可以以硝酸盐作为电子受体进行吸磷的 PAOs。当氧气作为电子受体吸磷时，达到了 7.42mg/(L·h) 的磷吸收速率。而系统 A/MO 运行时的吸磷速率大于各个电子单独吸磷的速率，表明 SNDPR 过程中磷吸收是依靠 APAOs 和 DPAOs 同步进行的。图 6-6 展示了当以亚硝酸盐和氧气进行吸磷时的磷浓度变化以及正常 A/MO 运行时系统磷浓度变化的曲线，发现通过将前两者的吸磷量相加，得到了与 A/MO 运行时近乎一致的磷浓度变化曲线。因此，在 SNDPR 系统中，磷的去除主要通过亚硝酸盐反硝化吸磷和好氧吸磷来实现。系统通常在 240~270min 完

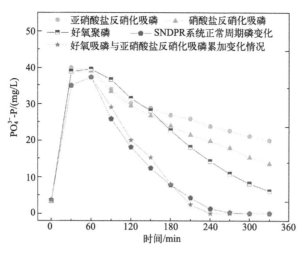

图 6-6 不同电子受体下磷变化情况

成吸磷,则有 40.41% 的磷被 DPAOs 反硝化去除,而 59.86% 的磷被 APAOs 吸收。

图 6-7(书后另见彩图)展示了不同功能菌对系统氮磷的去除贡献,每周期平均有 19.1mg 的磷被系统去除,有 4.21mg 用于生物生长,占总磷去除的 22.04%。剩余的磷被 APAOs 和 DPAOs 去除,而批次试验 2 得出了 APAOs 与 DPAOs 对磷去除的各自的比例,因此,APAOs 对磷去除的贡献为 46.65%,而 DPAOs 为 31.31%。

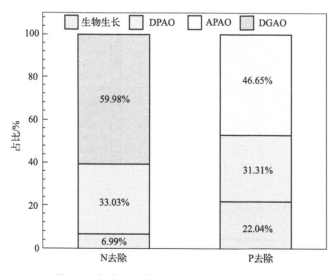

图 6-7 各个功能菌对系统氮磷去除的贡献率

系统平均每个周期厌氧段释放了 376.4mg 的磷，因此厌氧段有 918.5mg COD 的 PHA 被 PAOs 贮存。由批次试验 2 可以得出大约有 40.14% 的磷被 DPAOs 吸收，因此 DPAOs 厌氧段贮存了 377.71mg COD，通过计算可知，99.5mg 的氮被 DPAOs 去除。每个周期，系统平均去除了 301.25mg 的氨氮，其中有 21.07mg 用于微生物自身的细胞合成，占整个氮去除的 6.99%。剩余的氨氮氧化后，通过 DPAOs 和 DGAOs 反硝化得到去除。因此，DPAOs 和 DGAOs 对氮去除的贡献分别为 33.03% 和 59.98%。

6.3.4 微生物群落分析

图 6-8（书后另见彩图）展示了系统第 75 天的微生物群落的相对丰度。*Acinetobacter* sp. 为主导菌，占比 43.01%，*Acinetobacter* sp. 可以以硝酸盐或者亚硝酸盐为电子受体进行反硝化聚磷。*Zoogloea* sp.（18.91%）和 *Chryseobacterium* sp.（5.26%）与系统中 EPS 的产生密切相关，在颗粒的形成与稳定中扮演了重要的角色。同时，*Zoogloea* sp. 也与磷的去除密切相关；*Candidatus Competibacter* sp. 是一种典型的 GAO，占比 4.89%。*Thauera* sp.（2.31%）是一种典型的反硝化菌。*Lysobacter* sp. 占比

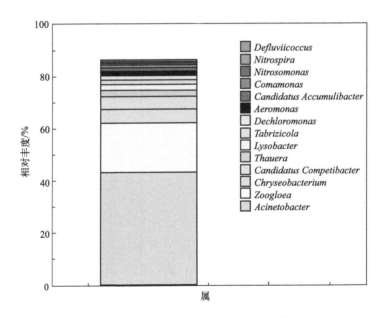

图 6-8　系统属水平上微生物相对丰度

2.06%，是一种典型的兼性自养反硝化菌。*Tabrizicola* sp. 菌的相对丰度为 1.86%，其为典型的异养菌，常出现在生物营养物去除（BNR）系统中。*Dechloromonas* sp.（1.77%），*Aeromonas* sp.（1.56%）和 *Candidatus Accumulibacter* sp.（1.55%）三种菌都可以过量吸收环境中的磷，合成胞内聚磷。*Comamonas* sp. 在系统微生物中占比 1.06%，有聚磷功能，在污泥停留时间较短的 EBPR 系统中较为常见。*Nitrosomonas* sp.，是典型的 AOB，在系统中的相对丰度为 0.62%，而典型的 NOB 菌属 *Nitrospira* sp. 在系统中的相对丰度为 0.58%。*Defluviicoccus* sp. 是常见的 GAOs，相对丰度为 0.45%。

6.3.5 低氧颗粒形成及其优势

系统形成了稳定的小颗粒污泥，污泥粒径多在 200～500μm，小于常见的好氧颗粒污泥。小颗粒形成的原因可能如下：一是系统的高径比只有 1.49，远低于一般的 AGS 系统。低的高径比提供了低的剪切力，阻止了颗粒的进一步生长。另外，系统长期在低碳氮比下运行，颗粒的结构减弱，不利于颗粒的过度生长。同时，较小的粒径使系统有更好的氨氧化能力，因为小颗粒单位生物量体积有更高的好氧区域，并且相比于大颗粒，小颗粒有更高的 AOB 丰度。小颗粒有更好的 SND 作用，如果颗粒粒径增大，需要更高的 DO 来实现氨氮氧化。因此，小颗粒使系统在低氧环境下长期运行成为可能。

在低氧情况下，AOB 的衰减受到抑制，抵消了低氧对硝化不利影响，因此，在低 DO 水平下系统仍然可以良好地完成硝化。NOB 对氧气的半饱和系数高于 AOB，因此，长期的低氧环境有利于 AOB 的富集，使其成为主导的自养菌，而非 NOB。

在交替运行的 A/O 或 A/O/A 模式中，磷的去除主要是靠 APAOs 利用氧气作为电子受体吸磷实现。而 APAOs 的活性受 DO 水平的影响很大，低的 DO 可以限制 APAOs 的磷吸收速率。Carvalheira 等人研究发现，当 DO 降低到 0.3mg/L 时，好氧磷吸收速率降低到 5.85mg(PO_4^{3-}-P)/[g(VSS)·h]。而在本研究中，好氧磷吸收速率为 1.06mg(PO_4^{3-}-P)/[g(VSS)·h]。因此，低的 DO 使 APAOs 活性被限制，为 DPAOs 提供了更有利的竞争环境。而且，DPAOs 可以利用反硝化产生的能量进行吸磷，促进更充分地利用碳源。低的 DO 水平促进系统在碳氮比为 4 时良好稳定地运行。

在好氧段，AOB 将氨氮氧化为亚硝酸盐，NOB、DPAOs 和 DGAOs 一起竞争亚硝酸盐。在好氧初期，DPAOs 和 DGAOs 胞内有充足的 PHA，提供了强的竞争力，亚硝酸盐一经产生，就会被 DPAOs 或 DGAOs 立刻反硝化为氮气，而不是被 NOB 氧化为硝酸盐。当反应进行到后期时，DPAOs 和 DGAOs 胞内 PHA 浓度降低，在亚硝酸盐的竞争中不再占优势，NOB 此时更占优势，因此，亚硝酸盐被 NOB 氧化产生硝酸盐。低的曝气速率可以促进氮更多地通过亚硝化反硝化途径去除。平均每周期有 301.25mg 的氨氮和 19.18mg 的磷酸盐被去除，消耗 1470mg 的 COD，与传统的 BNR 工艺相比节省了大量的 COD，传统 BNR 通常需要 6～8mg COD 进行反硝化 1mg 氮，10～15mg COD 去除 1mg 磷，因此，本试验节省了 36.7% 的碳源。

此外，在 EBPR 体系中，小颗粒更有利于磷酸盐的去除。Wei 等人报道 PAOs 在小颗粒中比大颗粒的丰度更高。图 6-9（书后另见彩图）展示了不同粒径下 DO、COD 和 NO_x^- 的扩散情况，可以看出小颗粒提供了丰富的有机底物，氧气或 NO_x^- 环境，PAOs 是该条件下的生存优势种。微生物结果表明系统中主导菌为 *Acinetobacter* sp.，是典型的 PAOs 属，相对丰度占 43.01%。因此，系统具有良好的除磷效果。此外，PAOs 细胞内 Poly-P 的富集使颗粒结构更加紧凑，也有利于颗粒的抗冲击性。因此，系统形成了小而密的不易分解的颗粒结构。

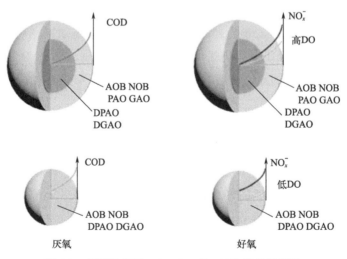

图 6-9　不同粒径下 DO、COD 和 NO_x^- 的扩散情况

因此，系统形成了稳定的小粒径污泥，小的颗粒降低了系统对 DO 的需求，使系统可以在低氧环境下运行。同时 0.017cm/s 的低表面气速（SGV）促进了系统小颗粒的维持。而小颗粒和低 SGV 均有利于 AOB 和 PAO 的富集，功能菌群的竞争优势使系统可以长期稳定地低碳氮比运行。

6.4 本章小结

本研究实现了限氧环境下颗粒污泥同步硝化反硝化除磷的稳定运行，并在碳氮比为 4 的情况下实现了（91.59±1.63）% 和（99.81±0.66）% 的氮磷去除率，试验运行中系统形成了稳定密实的小颗粒污泥，主要结论有以下几点：

① 厌氧/好氧交替的过程中，微生物通过分泌更多的 EPS 来响应基质的消耗，有利于微生物的聚集与结构的稳定性，同时每隔三个周期的反应器进水改为清水的策略使得系统处于饱食、饥饿交替的环境中，从而促进了颗粒的快速形成。逐步缩短沉降时间有助于淘洗掉沉降性能差的絮状污泥，使系统快速颗粒化。

② 低曝气、小的高径比和低的碳氮比都使颗粒维持在较小的尺寸（200~500μm），避免了颗粒的进一步生长；同时，小颗粒减少了好氧段 DO 的强度需求，使系统在低氧环境下仍保持良好的氨氧化性能。

③ 小的颗粒更有利于富集 AOB 和 PAO，低氧环境给 AOB 和 DPAOs 提供了竞争优势，有利于系统在低碳氮比下实现良好的氮磷去除；通过不同电子受体吸磷的批次试验，结合质量平衡计算来评估系统氮磷的代谢转化途径，33.03% 的氮和 31.31% 的磷通过 DPAO 去除，较传统工艺节约了 37.66% 的碳源消耗。

第7章

SNDPR系统模型研究

7.1 概述

本节采用 ASM2D 模型进行 SNDPR 系统过程模拟和机理研究。ASM2D 模型是以 ThOD 为基准物质，将所有组分的电子转移全部统一到理论需氧量上，即所有组分全部使用理论需氧量作为基准进行反应和转化，ASM2D 模型很适合用于多微生物群落系统污水处理过程模拟和仿真。

在 ASM2D 模型模拟过程中，采用了 Sobol 方法对模型的参数进行了全面的评估，并在不同的运行过程中挑选敏感性较高的参数，然后根据实验室规模的数据与模型输出之间建立最小二乘关系的损失函数，最后采用遗传算法对所选择的高敏感性参数进行智能优化，在求解损失函数最小值的过程中找到最佳的模型参数值。通过校准后的模型，进一步对不同的磷去除途径进行了详细分析，从模型的角度揭示 SNDPR 系统的除磷机理。

7.2 材料与方法

7.2.1 试验数据

本节采用研究体系中第 2 章、第 3 章和第 5 章中的部分数据用于模型的模拟，包括了四种运行模式，即 An/MO/A 运行模式下的 SNDPR 系统同步硝化反硝化脱氮除磷，An/O 和 An/MO 运行模式下的好氧聚磷，以及 An/A 运行模式的反硝化聚磷过程，共计 10 个试验案例。10 个试验案例按照运行模式类别顺序进行排序，案例数据的主要运行特征如表 7-1 所示。

表 7-1　不同进水及运行条件下的 10 个试验案例被用来训练和验证模型

案例	菌群	试验环境	运行模式	反应器内各成分浓度组成					
				COD/(mg/L)	氨氮/[mg(N)/L]	亚硝酸盐/[mg(N)/L]	硝酸盐/[mg(N)/L]	磷酸盐/[mg(P)/L]	后缺氧段外加 COD/(mg/L)
1	NDPAO[a]	周期试验	An/A	150	30	—	—	5	—
2	NDPAO[a]	周期试验	An/MO/A	150	30	—	—	5	100
3	NDPAO[a]	周期试验	An/MO/A	210	30	—	—	5	—
4	NDPAO[a]	周期试验	An/MO/A	210	30	—	—	5	100
5	NDPAO[a]	多次试验	An/O	150	—	—	—	5	—
6	NDPAO[a]	多次试验	An/MO	150	—	—	—	5	—
7	NDPAO[a]	多次试验	An/A	150	—	—	30	5	—
8	NDPAO[a]	多次试验	An/A	150	—	30	—	5	—
9	NDPAO[a]	多次试验	An/A	150	—	15	15	5	—
10	NDPAO[a]	多次试验	An/A	150	—	30	—	5	—

注：NDPAO[a] 表示硝化、反硝化和聚磷细菌（nitrification, denitrification and phosphorus accumulating organisms）。

7.2.2　模型参数敏感性分析方法

在 ASM2D 模型的模拟过程中，模拟的效果会受到模型的结构、模型的动力学及化学计量学参数、模型考虑的反应过程类型以及环境等不确定因素的影响，使得模型在不同反应过程中的模拟效果不同。敏感性分析可以判断数值模型中不同参数对模型输出的影响，因此在模型参数校准和验证前往往需要通过敏感性分析挑选出对模型输出影响较大的参数。

敏感性分析可以分为全局敏感性分析和局部的敏感性分析，局部的敏感性分析通常考虑一阶敏感性的水平，而全局敏感性分析考虑了在整个参数空间中的不同参数之间的相互过程。目前较为成熟的敏感性分析方法有很多，其中 Sobol 方法是一种较为常用的基于方差分解的全局敏感性分析方法。由于该方法能够量化单个参数的贡献度和由参数相互作用产生的贡献度，并且能够建立独立的输入与输出的关系，使得参数的贡献度更加可靠。此外，基于方差的敏感性指数易于解释，因为它们可由输入的变化引起的输出方差的分数来进行表示。

Sobol 方法可以用式(7-1)来表示：

$$Y = f(X) = f(X_1, X_2, \cdots, X_n) \tag{7-1}$$

式中，$X = X_1, X_2, \cdots, X_n$ 为参数集合；Y 为对应的模型的目标函数。

在本研究中参数的集合为改进的 ASM2D 模型的动力学参数和工艺参数，目标函数为模型预测与对应时间点的实际测量值之间的均方根误差。方程 $f(X)$ 的总方差 $D(y)$ 可以分解为若干的子方差：

$$D(y) = \sum_i D_i + \sum_{i<j} D_{ij} + \sum_{i<j<k} D_{ijk} + \cdots + D_{12\cdots p} \tag{7-2}$$

式中，D_i 是由第 i 个参数 X_i 产生的方差；D_{ij} 是由参数 X_i 和 X_j 相互作用产生的方差；D_{ijk} 是由参数 X_i、X_j 和 X_k 相互作用产生的方差；$D_{12\cdots p}$ 是由所有参数 $X_1, X_2, \cdots, X_p$ 共同作用产生的方差。

将上式归一化后得到各参数和参数相互作用的敏感参数：

$$1 = \sum_i \frac{D_i}{D(y)} + \sum_{i<j} \frac{D_{ij}}{D(y)} + \sum_{i<j<k} \frac{D_{ijk}}{D(y)} + \cdots + \frac{D_{12\cdots p}}{D(y)} \tag{7-3}$$

根据对总方差 D 贡献的百分比，对单独一个参数和参数的相互作用的敏感性进行计算：

一阶敏感性（S_i）：

$$S_i = \frac{D_i}{D} \tag{7-4}$$

二阶敏感性（S_{ij}）：

$$S_{ij} = \frac{D_{ij}}{D} \tag{7-5}$$

全阶敏感性（S_n）：

$$S_n = 1 - \frac{D_{-i}}{D} \tag{7-6}$$

式中，D_{-i} 是除 X_i 外所有参数的方差；S_i 用来度量参数 X_i 主效应产生的敏感性。

计算一阶、二阶和全阶敏感性指数共需运行 $n \times (2m+2)$ 次模型，n 为抽样样本数，m 为进行分析的参数个数。

7.2.3 模型参数的智能优化方法

在模型的建立、训练、校准和验证过程中，参数的修正是至关重要的。模型参数的修正常常采用经验法、试错法和智能优化等方法进行调整，其中智能优化是一种快速修正参数实现全局最优的高效方法。参数的修正往往是多种方法相结合的，本研究首先采用经验法和文献参考的方式确定相对稳定的参数值；其次采用试错的方式找寻多个关键参数和它们所对应的取值范围；最后采用遗传算法，建立以待优化的参数为控制变量，以模型输出与实际测量数据之间的最小二乘为目标函数的单目标优化过程。

（1）目标函数

本书假设进出水水质的种类（如 COD、氨氮等）的数目为 m，出水水质样本空间（每种水质参数的取样个数）为 n，其中 j 为模型中的组分，i 为采样集，X_{out}^{ij} 表示预测出水质量，Y_{out}^{ij} 代表实际出水质量，每个预测点内包含着未知的参数（$\varepsilon_1, \varepsilon_2, \cdots, \varepsilon_N$），即 $X_{\text{out}}^{ij}(\varepsilon_1, \varepsilon_2, \cdots, \varepsilon_N)$。根据预测-实际出水水质的有序对，对 m 种水质种类 n 个样本点的模拟值和实际值进行拟合。式(7-7)为最小二乘函数的定义：

$$J(\varepsilon_1, \varepsilon_2, \cdots, \varepsilon_N) = \frac{1}{m} \sum_{j=1}^{m} \sum_{i=1}^{n} \left[X_{\text{out}}^{ij}(\varepsilon_1, \varepsilon_2, \cdots, \varepsilon_N) - Y_{\text{out}}^{ij} \right]^2 \tag{7-7}$$

式(7-8)为目标函数：

$$\min_{\varepsilon_1, \varepsilon_2, \cdots, \varepsilon_N} \left[J(\varepsilon_1, \varepsilon_2, \cdots, \varepsilon_N) \right] \tag{7-8}$$

模型参数的智能优化的本质是求解目标函数 $J(\varepsilon_1, \varepsilon_2, \cdots, \varepsilon_N)$ 值最小时的参数 $\varepsilon_1, \varepsilon_2, \cdots, \varepsilon_N$，而在求解多变量的非线性的目标函数的最小值过程中，往往容易寻找到局部最优解，因此本研究考虑采用智能优化的方法来求解最小化的目标函数。最常见的优化算法有遗传算法、模拟退火算法、粒子群算法、蚁群算法和禁忌搜索算法。对于 ASM2D 模型参数求解过程的目标函数来说，求导是非常困难的，并且由于模型的复杂性，目标函数最小值求解过程中需要一定的并行运算来加快参数的求解过程，而遗传算法由于其是直接对结构对象进行操作，不存在求导和函数连续性的限定，具有内在的隐并行性和更好的全局寻优能力，因此被挑选来对目标函数进行智能优化。

（2）遗传算法

遗传算法是借鉴自然界生物进化选择的规律而建立的一种随机搜索进化的方法，由于其是通过在自变量空间搜索的解集方式来找到最佳函数值（最大或最小值），因此非常适合用于解决目标函数难微分、非线性且有约束条件的全局最优问题。

遗传算法包括了三种规则：选择、交叉和变异。算法的基本的运算过程由六步组成。第一步是设置循环迭代的总次数和迭代变量，然后设置初始种群，在自变量空间中随机挑选 M 组自变量解集，作为具有 M 个个体（每一个个体代表一组解）的初始种群 $P(0)$。第二步是将种群里的每一个个体都代入目标函数中计算出适应度（目标函数的值）。第三步进行选择运算。第四步进行交叉运算。第五步进行变异运算。通过这三个步骤挑选第二步中优秀的个体（通过目标函数的评估，选择函数值低的解集）直接遗传到下一代或者通过配对交叉和变异过程遗传到下一代。第六步是进行终止条件的判断，通过判断是否达到最大迭代次数或者是否该代种群中存在最佳的个体可以使得目标函数的解达到设定的最小值，如果成立则终止算法运算。

7.2.4 模型评估方法

在本研究中，应用两个度量来比较算法的准确性；即均方根误差（RMSE）和确定系数（R^2）。RMSE 表示与目标变量具有相同单位的模型的不准确度，R^2 使用数据评估模型的适合度（0 最差，1 最好）。由于结果变量是数值，因此 RMSE 主要通过算法的比较过程使用。同时，R^2 被认为是回归模型解释的方差的比例。RMSE 和 R^2 的计算见式(7-9)、式(7-10)。

$$\mathrm{RMSE} = \sqrt{\frac{1}{m}\sum_{i=1}^{m}\left[y_i - f(x_i)\right]^2} \tag{7-9}$$

$$R^2 = 1 - \frac{\mathrm{RSS}}{\mathrm{TSS}} = 1 - \frac{\sum_{i=1}^{n}(y_i - \hat{y}_i)^2}{\sum_{i=1}^{n}(y_i - \bar{y}_i)^2} \tag{7-10}$$

式中，m 为样本数；$f(x_i)$ 为模型的预测值；y_i 为响应的真实值；RSS 为残差平方和；TSS 为总平方和；y 和 $\hat{y}$ 分别为实际值和预测值；$\bar{y}$ 为平均值。

7.3 模型进展

对于所有的微生物，其生长和呼吸过程都包括在模型中。所有酶反应的动力学控制速率是通过米式（Michaelis-Menten）方程描述的。模型的组分定义、化学计量学及组分矩阵、动力学速率表达矩阵、化学计量和动力学参数值列举在表 7-2～表 7-7 中。

7.3.1 模型组分的确定

本书 ASM2D 模型对污水中的有机物、含氮和含磷物质进行了划分，并将各组分进一步划分成溶解性和颗粒性组分，分别以"$S_?$"（9 种）和"$X_?$"（8 种）来表示（表 7-2）；且假定颗粒组分"$X_?$"与污泥絮体密切相关，能够通过沉淀/浓缩来去除或转移，而溶解性组分"$S_?$"只能在液相中进行迁移或转化。

表 7-2 模型组分定义

变量	单位	定义
S_{O_2}	$g(O_2)/m^3$	溶解氧浓度
S_A	$g(COD)/m^3$	乙酸浓度
S_{NH_3}	$g(N)/m^3$	氨氮浓度
$S_{NO_3^-}$	$g(N)/m^3$	硝酸盐浓度
$S_{NO_2^-}$	$g(N)/m^3$	亚硝酸盐浓度
S_{NO}	$g(N)/m^3$	一氧化氮浓度
S_{N_2O}	$g(N)/m^3$	氧化亚氮浓度
S_{N_2}	$g(N)/m^3$	氮气浓度
$S_{PO_4^{3-}}$	$g(P)/m^3$	磷酸盐浓度
X_{PP}	$g(P)/m^3$	聚磷浓度
X_{PHA}	$g(COD)/m^3$	聚磷菌胞内贮存物浓度
X_{STO}	$g(COD)/m^3$	聚糖菌胞内贮存物浓度
X_{AOB}	$g(COD)/m^3$	氨氧化细菌浓度

续表

变量	单位	定义
X_{NOB}	$g(COD)/m^3$	亚硝酸盐氧化细菌浓度
X_{PAO}	$g(COD)/m^3$	聚磷菌浓度
X_{GAO}	$g(COD)/m^3$	聚糖菌浓度
X_I	$g(COD)/m^3$	难降解颗粒有机物浓度

7.3.2 模型化学计量学矩阵的建立

ASM2D 模型的模拟本质是质量守恒定律 [式(7-11)]：

$$\text{基质量的变化速率} = \text{输入速率} - \text{输出速率} + \text{利用速率} \quad (7\text{-}11)$$

分别用下标 i 和 j 表示 ASM2D 模型中的组分和转化过程。化学计量数以化学计量矩阵 v_{ji} 的形式表示。过程速率方程用矢量 ρ_j 表示，所有过程 j 中组分 i 的生成速率 r_i 可通过式(7-12) 表示：

$$r_i = \sum v_{ji} \rho_j \quad (7\text{-}12)$$

ASM2D 中数学计量学以 COD、电荷、氮、磷和总悬浮物固体 X_{TSS} 五种物质守恒关系为基础，对所有过程 j 和所有与物料平衡有关的物质 M 都有效的守恒方程可由式(7-13) 表示：

$$\sum v_{ji} i_{ci} = 0 \quad (7\text{-}13)$$

式中 v_{ji}——过程 j 中组分 i 的化学计量系数；

i_{ci}——转化因子（M_i/M_j），可将物质 M 的组分 i 的单位 M_i 转化为物质 M 守恒所应用的物质的单位 M_j。

扩展的 ASM2D 模型共含有 11 个计量学系数（见表7-3），包括模型各组分中 N、P 含量及微生物产率系数等。表 7-3 显示了 ASM2D 化学计量系数定义及典型值。

表 7-3　ASM2D 化学计量系数定义及典型值

项目	符号	定义	单位	默认值
N 含量	i_{N,X_I}	COD X_I 的 N 含量	$g(N)/g(COD)$	0.02
	$i_{N,MB}$	生物量 X_H, X_{PAO} 的 N 含量	$g(N)/g(COD)$	0.07
X_H	Y_{GAO}	产率系数	$g(COD)/g(COD)$	0.625
	f_{X_I}	COD 的分数	$g(COD)/g(COD)$	0.10

续表

项目	符号	定义	单位	默认值
X_{PAO}	Y_{PO_4}	释放 PO_4^{3-} 所需要的 PHA	g(P)/g(COD)	0.40
	Y_{PHA}	贮存 PHA 所需要的 Poly-P	g(COD)/g(COD)	0.20
	f_{X_I}	COD 的分数	g(COD)/g(COD)	0.10
X_{AOB}	Y_{AOB}	AOB 的产率系数	g(COD)/g(N)	0.24
	f_{X_I}	COD 的分数	g(COD)/g(COD)	0.10
X_{NOB}	Y_{NOB}	NOB 的产率系数	g(COD)/g(N)	0.2
	f_{X_I}	COD 的分数	g(COD)/g(COD)	0.10

对于扩展的 ASM2D 模型，用于平衡方程中的转化因子 i_{ci} 如表 7-4 所示。COD 平衡用于计算 S_{O_2}、S_A、S_{NO_3}、S_{N_2} 和 X_I 的化学计量系数；N 平衡用于计算 S_{NH_4} 的化学计量系数；P 平衡用于计算 S_{PO_4} 的化学计量系数；电荷平衡用于计算溶解性碱度的化学计量系数。

表 7-4　ASM2D 模型用于平衡方程中的转化因子及典型值

序号	组分	单位	$i_{COD,i}$/g(COD)	$i_{N,i}$/g(N)	$i_{P,i}$/g(P)	$i_{Charge,i}$/mol(e⁻)
1	S_{O_2}	g(O_2)	−1			
2	S_A	g(COD)	1			−1/64
3	S_{NH_4}	g(N)		1		1/14
4	S_{NO_3}	g(N)	−64/14	1		−1/14
5	S_{PO_4}	g(P)			1	−1.5/31
6	S_{N_2}	g(N)	−24/14	1		
7	X_I	g(COD)	1	i_{N,X_I}		
8	X_H	g(COD)	1	$i_{N,MB}$		
9	X_{PAO}	g(COD)	1	$i_{N,MB}$		
10	X_{GAO}	g(COD)	1	$i_{N,MB}$		
11	X_{PP}	g(P)			1	
12	X_{PHA}	g(COD)	1			
13	X_{AOB}	g(COD)	1	$i_{N,MB}$		
14	X_{NOB}	g(COD)	1	$i_{N,MB}$		

表 7-5 所示为 ASM2D 模型的化学计量学矩阵，其中包括 17 种组分在 29 个反应过程中的化学计量学系数。

表 7-5 化学计量学矩阵

过程	S_{O_2}	S_A	$S_{NO_3^-}$	$S_{NO_2^-}$	S_{NO}	S_{N_2O}	S_{N_2}	S_{NH_3}	$S_{PO_4^{3-}}$	X_{PP}	X_{PHA}	S_{STO}	X_{AOB}	X_{NOB}	X_{PAO}	X_{GAO}	X_I
聚磷菌厌氧,好氧,缺氧代谢																	
1 X_{PAO}厌氧贮存		-1							$Y_{PO_4^{3-}}$	$-Y_{PO_4^{3-}}$	1						
2 X_{PAO}好氧贮存	$-Y_{PHA}$								-1	1	$-Y_{PHA}$						
3 X_{PAO}好氧生长	$1-\dfrac{1}{Y_{PAO}}$							$-i_{N,BM}$			$-\dfrac{1}{Y_{PAO}}$				1		
4 S_{PP}基于$S_{NO_3^-}$缺氧贮存			$-\dfrac{Y_{PHA}}{1.14}$	$\dfrac{Y_{PHA}}{1.14}$					-1	1	$-Y_{PHA}$						
5 S_{PP}基于$S_{NO_2^-}$缺氧贮存				$-\dfrac{Y_{PHA}}{0.57}$	$\dfrac{Y_{PHA}}{0.57}$				-1	1	$-Y_{PHA}$						
6 S_{PP}基于S_{NO}缺氧贮存					$-\dfrac{Y_{PHA}}{0.57}$	$\dfrac{Y_{PHA}}{0.57}$			-1	1	$-Y_{PHA}$						
7 S_{PP}基于S_{N_2O}缺氧贮存						$-\dfrac{Y_{PHA}}{0.57}$	$\dfrac{Y_{PHA}}{0.57}$		-1	1	$-Y_{PHA}$						

续表

过程	S_{O_2}	S_A	$S_{NO_3^-}$	$S_{NO_2^-}$	S_{NO}	S_{N_2O}	S_{N_2}	S_{NH_3}	$S_{PO_4^{3-}}$	X_{PP}	X_{PHA}	S_{STO}	X_{AOB}	X_{NOB}	X_{PAO}	X_{GAO}	X_I
8 X_{PAO}基于$S_{NO_3^-}$缺氧生长			$-\dfrac{1-Y_{PAO}}{1.14Y_{PAO}}$	$\dfrac{1-Y_{PAO}}{1.14Y_{PAO}}$							$-\dfrac{1}{Y_{PAO}}$				1		
9 X_{PAO}基于$S_{NO_2^-}$缺氧生长				$-\dfrac{1-Y_{PAO}}{0.57Y_{PAO}}$	$\dfrac{1-Y_{PAO}}{0.57Y_{PAO}}$						$-\dfrac{1}{Y_{PAO}}$				1		
10 X_{PAO}基于S_{NO}缺氧生长					$-\dfrac{1-Y_{PAO}}{0.57Y_{PAO}}$	$\dfrac{1-Y_{PAO}}{0.57Y_{PAO}}$					$-\dfrac{1}{Y_{PAO}}$				1		
11 X_{PAO}基于S_{N_2O}缺氧生长						$-\dfrac{1-Y_{PAO}}{0.57Y_{PAO}}$	$\dfrac{1-Y_{PAO}}{0.57Y_{PAO}}$				$-\dfrac{1}{Y_{PAO}}$				1		
12 S_{PP}衰减									1	-1							
13 X_{PAO}衰减								$i_{N,BM}-f_I \times i_{N,X_I}$							-1		f_I
14 X_{PHA}衰减											-1						

续表

过程	S_{O_2}	S_A	$S_{NO_3^-}$	$S_{NO_2^-}$	S_{NO}	S_{N_2O}	S_{N_2}	S_{NH_3}	$S_{PO_4^{3-}}$	X_{PP}	X_{PHA}	S_{STO}	X_{AOB}	X_{NOB}	X_{PAO}	X_{GAO}	X_I
聚糖菌厌氧、好氧、缺氧代谢																	
15 X_{GAO} 厌氧生长		-1										1					
16 X_{GAO} 好氧生长	$1-\dfrac{1}{Y_{GAO}}$							$-i_{N,BM}$				$-\dfrac{1}{Y_{GAO}}$				1	
17 X_{GAO} 基于 $S_{NO_3^-}$ 缺氧生长			$\dfrac{1-Y_{GAO}}{1.14Y_{GAO}}$	$\dfrac{1-Y_{GAO}}{1.14Y_{GAO}}$								$-\dfrac{1}{Y_{GAO}}$				1	
18 X_{GAO} 基于 $S_{NO_2^-}$ 缺氧生长				$-\dfrac{1-Y_{GAO}}{0.57Y_{GAO}}$	$\dfrac{1-Y_{GAO}}{0.57Y_{GAO}}$							$-\dfrac{1}{Y_{GAO}}$				1	
19 X_{GAO} 基于 S_{NO} 缺氧生长					$-\dfrac{1-Y_{GAO}}{0.57Y_{GAO}}$	$\dfrac{1-Y_{GAO}}{0.57Y_{GAO}}$						$-\dfrac{1}{Y_{GAO}}$				1	
20 X_{GAO} 基于 S_{N_2O} 缺氧生长						$-\dfrac{1-Y_{GAO}}{0.57Y_{GAO}}$	$\dfrac{1-Y_{GAO}}{0.57Y_{GAO}}$					$-\dfrac{1}{Y_{GAO}}$				1	

续表

	过程	S_{O_2}	S_A	$S_{NO_3^-}$	$S_{NO_2^-}$	S_{NO}	S_{N_2O}	S_{N_2}	S_{NH_3}	$S_{PO_4^{3-}}$	X_{PP}	X_{PHA}	S_{STO}	X_{AOB}	X_{NOB}	X_{PAO}	X_{GAO}	X_I
21	X_{GAO} 基于 $S_{NO_3^-}$ 与 S_A 缺氧生长		$-\dfrac{1}{Y_{GAO}}$	$-\dfrac{1-Y_{GAO}}{1.14Y_{GAO}}$	$\dfrac{1-Y_{GAO}}{1.14Y_{GAO}}$												1	
22	X_{GAO} 基于 $S_{NO_2^-}$ 与 S_A 缺氧生长		$-\dfrac{1}{Y_{GAO}}$		$-\dfrac{1-Y_{GAO}}{0.57Y_{GAO}}$	$\dfrac{1-Y_{GAO}}{0.57Y_{GAO}}$											1	
23	X_{GAO} 基于 S_{NO} 与 S_A 缺氧生长		$-\dfrac{1}{Y_{GAO}}$			$-\dfrac{1-Y_{GAO}}{0.57Y_{GAO}}$	$\dfrac{1-Y_{GAO}}{0.57Y_{GAO}}$										1	
24	X_{GAO} 基于 S_{N_2O} 与 S_A 缺氧生长		$-\dfrac{1}{Y_{GAO}}$				$-\dfrac{1-Y_{GAO}}{0.57Y_{GAO}}$	$\dfrac{1-Y_{GAO}}{0.57Y_{GAO}}$								1		
25	X_{GAO} 衰减								$i_{N,BM} - f_I \times i_{N,X_I}$								-1	f_I

续表

过程		S_{O_2}	S_A	$S_{NO_3^-}$	$S_{NO_2^-}$	S_{NO}	S_{N_2O}	S_{N_2}	S_{NH_3}	$S_{PO_4^{3-}}$	X_{PP}	X_{PHA}	S_{STO}	X_{AOB}	X_{NOB}	X_{PAO}	X_{GAO}	X_I
自养菌好氧、缺氧代谢																		
26	X_{AOB} 好氧生长	$-\dfrac{3.42-Y_{AOB}}{Y_{AOB}}$			$\dfrac{1}{Y_{AOB}}$				$-\dfrac{1}{Y_{AOB}}$					1				
27	X_{NOB} 好氧生长	$-\dfrac{1.14-Y_{NOB}}{Y_{NOB}}$		$\dfrac{1}{Y_{NOB}}$	$-\dfrac{1}{Y_{NOB}}$				$-i_{N,BM}$						1			
28	X_{AOB} 衰减								$i_{N,BM}-f_I \times i_{N,X_I}$					-1				f_I
29	X_{NOB} 衰减								$i_{N,BM}-f_I \times i_{N,X_I}$						-1			f_I

注：f_I 为细菌衰减系数。

7.3.3 模型动力学表达式的建立

ASM2D 模型共描述了 4 种菌属共 28 个动力学过程，包括 PAOs 厌氧，好氧，缺氧活动的 14 个过程；GAOs 厌氧，好氧，缺氧活动的 10 个过程；以及自养菌（AOB 和 NOB）厌氧，好氧，缺氧活动的 4 个过程；全部过程如表 7-6 所示。

表 7-6 模型动力学表达式

序号	过程	速率
1	X_{PAO} 厌氧贮存	$q_{PHA} \dfrac{S_A}{S_A+K_A} \times \dfrac{X_{PP}/X_{PAO}}{K_{PP}+X_{PP}/X_{PAO}} X_{PAO}$
2	X_{PAO} 缺氧贮存	$q_{PP,O_2} \dfrac{S_{O_2}}{K_{PAO,O_2}+S_{O_2}} \times \dfrac{S_{PO_4^{3-}}}{K_{PAO,PO_4^{3-}}+S_{PO_4^{3-}}} \times$ $\dfrac{X_{PHA}/X_{PAO}}{K_{PHA}+X_{PHA}/X_{PAO}} \times \dfrac{K_{max}-X_{PP}/X_{PAO}}{K_{PP}+K_{max}-X_{PP}/X_{PAO}} X_{PAO}$
3	X_{PAO} 好氧生长	$\mu_{PAO,O_2} \dfrac{S_{O_2}}{K_{PAO,O_2}+S_{O_2}} \times \dfrac{S_{PO_4^{3-}}}{K_{PAO,PO_4^{3-}}+S_{PO_4^{3-}}} \times$ $\dfrac{X_{PHA}/X_{PAO}}{K_{PHA}+X_{PHA}/X_{PAO}} X_{PAO}$
4	S_{PP} 缺氧贮存基于 $S_{NO_3^-}$	$q_{PP,NO_3^-} \dfrac{K_{PAO,O_2}}{S_{O_2}+K_{PAO,O_2}} \times \dfrac{S_{PO_4^{3-}}}{K_{PAO,PO_4^{3-}}+S_{PO_4^{3-}}} \times$ $\dfrac{X_{PHA}/X_{PAO}}{K_{PHA}+X_{PHA}/X_{PAO}} \times \dfrac{K_{max}-X_{PP}/X_{PAO}}{K_{PP}+K_{max}-X_{PP}/X_{PAO}} \times \dfrac{S_{NO_3^-}}{K_{PAO,NO_3^-}+S_{NO_3^-}} \times$ $\dfrac{K_{I,PAO,NO_2^-}}{K_{I,PAO,NO_2^-}+S_{NO_2^-}} X_{PAO}$
5	S_{PP} 缺氧贮存基于 $S_{NO_2^-}$	$q_{PP,NO_2^-} \dfrac{K_{PAO,O_2}}{S_{O_2}+K_{PAO,O_2}} \times \dfrac{S_{PO_4^{3-}}}{K_{PAO,PO_4^{3-}}+S_{PO_4^{3-}}} \times \dfrac{X_{PHA}/X_{PAO}}{K_{PHA}+X_{PHA}/X_{PAO}} \times$ $\dfrac{K_{max}-X_{PP}/X_{PAO}}{K_{PP}+K_{max}-X_{PP}/X_{PAO}} \times \dfrac{S_{NO_2^-}}{K_{PAO,NO_2^-}+S_{NO_2^-}} \times \dfrac{K_{I,PAO,NO_2^-}}{K_{I,PAO,NO_2^-}+S_{NO_2^-}} X_{PAO}$

续表

序号	过程	速率
6	S_{PP} 缺氧贮存基于 S_{NO}	$q_{PP,NO} \dfrac{K_{PAO,O_2}}{S_{O_2}+K_{PAO,O_2}} \times \dfrac{S_{PO_4^{3-}}}{K_{PAO,PO_4^{3-}}+S_{PO_4^{3-}}} \times$ $\dfrac{X_{PHA}/X_{PAO}}{K_{PHA}+X_{PHA}/X_{PAO}} \times \dfrac{K_{max}-X_{PP}/X_{PAO}}{K_{PP}+K_{max}-X_{PP}/X_{PAO}} \times \dfrac{S_{NO}}{K_{PAO,NO}+S_{NO}} \times$ $\dfrac{K_{I,PAO,NO_2^-}}{K_{I,PAO,NO_2^-}+S_{NO_2^-}} X_{PAO}$
7	S_{PP} 缺氧贮存基于 S_{N_2O}	$q_{PP,N_2O} \dfrac{K_{PAO,O_2}}{S_{O_2}+K_{PAO,O_2}} \times \dfrac{S_{PO_4^{3-}}}{K_{PAO,PO_4^{3-}}+S_{PO_4^{3-}}} \times \dfrac{X_{PHA}/X_{PAO}}{K_{PHA}+X_{PHA}/X_{PAO}} \times$ $\dfrac{K_{max}-X_{PP}/X_{PAO}}{K_{PP}+K_{max}-X_{PP}/X_{PAO}} \times \dfrac{S_{N_2O}}{K_{PAO,N_2O}+S_{N_2O}} \times \dfrac{K_{I,PAO,NO_2^-}}{K_{I,PAO,NO_2^-}+S_{NO_2^-}} X_{PAO}$
8	X_{PAO} 缺氧生长基于 $S_{NO_3^-}$	$\mu_{PAO,NO_3^-} \dfrac{K_{PAO,O_2}}{S_{O_2}+K_{PAO,O_2}} \times \dfrac{S_{PO_4^{3-}}}{K_{PAO,PO_4^{3-}}+S_{PO_4^{3-}}} \times \dfrac{X_{PHA}/X_{PAO}}{K_{PHA}+X_{PHA}/X_{PAO}} \times$ $\dfrac{S_{NO_3^-}}{K_{PAO,NO_3^-}+S_{NO_3^-}} X_{PAO}$
9	X_{PAO} 缺氧生长基于 $S_{NO_2^-}$	$\mu_{PAO,NO_2^-} \dfrac{K_{PAO,O_2}}{S_{O_2}+K_{PAO,O_2}} \times \dfrac{S_{PO_4^{3-}}}{K_{PAO,PO_4^{3-}}+S_{PO_4^{3-}}} \times \dfrac{X_{PHA}/X_{PAO}}{K_{PHA}+X_{PHA}/X_{PAO}} \times$ $\dfrac{S_{NO_2^-}}{K_{PAO,NO_2^-}+S_{NO_2^-}} X_{PAO}$
10	X_{PAO} 缺氧生长基于 S_{NO}	$\mu_{PAO,NO} \dfrac{K_{PAO,O_2}}{S_{O_2}+K_{PAO,O_2}} \times \dfrac{S_{PO_4^{3-}}}{K_{PAO,PO_4^{3-}}+S_{PO_4^{3-}}} \times \dfrac{X_{PHA}/X_{PAO}}{K_{PHA}+X_{PHA}/X_{PAO}} \times$ $\dfrac{S_{NO}}{K_{PAO,NO}+S_{NO}} X_{PAO}$
11	X_{PAO} 缺氧生长基于 S_{N_2O}	$\mu_{PAO,N_2O} \dfrac{K_{PAO,O_2}}{S_{O_2}+K_{PAO,O_2}} \times \dfrac{S_{PO_4^{3-}}}{K_{PAO,PO_4^{3-}}+S_{PO_4^{3-}}} \times \dfrac{X_{PHA}/X_{PAO}}{K_{PHA}+X_{PHA}/X_{PAO}} \times$ $\dfrac{S_{N_2O}}{K_{PAO,N_2O}+S_{N_2O}} \times X_{PAO}$
12	S_{PP} 衰减	$b_{PP} X_{PP}$
13	X_{PAO} 衰减	$b_{PAO} X_{PAO}$

续表

序号	过程	速率
14	X_{PHA} 衰减	$b_{PHA} X_{PHA}$
15	X_{GAO} 厌氧贮存	$q_{GAO} \dfrac{S_A}{S_A + K_{GAO,A}} X_{GAO}$
16	X_{GAO} 好氧生长	$\mu_{GAO} \dfrac{S_{O_2}}{K_{GAO,O_2} + S_{O_2}} \times \dfrac{X_{STO}/X_{GAO}}{K_{STO} + X_{STO}/X_{GAO}} X_{GAO}$
17	X_{GAO} 缺氧生长基于 $S_{NO_3^-}$	$\mu_{GAO,NO_3^-} \dfrac{K_{GAO,O_2}}{S_{O_2} + K_{GAO,O_2}} \times \dfrac{X_{STO}/X_{GAO}}{K_{STO} + X_{STO}/X_{GAO}} \times \dfrac{S_{NO_3^-}}{K_{GAO,NO_3^-} + S_{NO_3^-}} X_{GAO}$
18	X_{GAO} 缺氧生长基于 $S_{NO_2^-}$	$\mu_{GAO,NO_2^-} \dfrac{K_{GAO,O_2}}{S_{O_2} + K_{GAO,O_2}} \times \dfrac{X_{STO}/X_{GAO}}{K_{STO} + X_{STO}/X_{GAO}} \times \dfrac{S_{NO_2^-}}{K_{GAO,NO_2^-} + S_{NO_2^-}} X_{GAO}$
19	X_{GAO} 缺氧生长基于 S_{NO}	$\mu_{GAO,NO} \dfrac{K_{GAO,O_2}}{S_{O_2} + K_{GAO,O_2}} \times \dfrac{X_{STO}/X_{GAO}}{K_{STO} + X_{STO}/X_{GAO}} \times \dfrac{S_{NO}}{K_{GAO,NO} + S_{NO}} X_{GAO}$
20	X_{GAO} 缺氧生长基于 S_{N_2O}	$\mu_{GAO,N_2O} \dfrac{K_{GAO,O_2}}{S_{O_2} + K_{GAO,O_2}} \times \dfrac{X_{STO}/X_{GAO}}{K_{STO} + X_{STO}/X_{GAO}} \times \dfrac{S_{N_2O}}{K_{GAO,N_2O} + S_{N_2O}} X_{GAO}$
21	X_{GAO} 缺氧生长基于 $S_{NO_3^-}$ 和 S_A	$\mu_{A,GAO,NO_3^-} \dfrac{K_{GAO,O_2}}{S_{O_2} + K_{GAO,O_2}} \times \dfrac{S_A}{S_A + K_{GAO,A}} \times \dfrac{S_{NO_3^-}}{K_{GAO,NO_3^-} + S_{NO_3^-}} X_{GAO}$
22	X_{GAO} 缺氧生长基于 $S_{NO_2^-}$ 和 S_A	$\mu_{A,GAO,NO_2^-} \dfrac{K_{GAO,O_2}}{S_{O_2} + K_{GAO,O_2}} \times \dfrac{S_A}{S_A + K_{GAO,A}} \times \dfrac{S_{NO_3^-}}{K_{GAO,NO_3^-} + S_{NO_3^-}} X_{GAO}$
23	X_{GAO} 缺氧生长基于 S_{NO} 和 S_A	$\mu_{A,GAO,NO} \dfrac{K_{GAO,O_2}}{S_{O_2} + K_{GAO,O_2}} \times \dfrac{S_A}{S_A + K_{GAO,A}} \times \dfrac{S_{NO_3^-}}{K_{GAO,NO_3^-} + S_{NO_3^-}} X_{GAO}$
24	X_{GAO} 缺氧生长基于 S_{N_2O} 和 S_A	$\mu_{A,GAO,N_2O} \dfrac{K_{GAO,O_2}}{S_{O_2} + K_{GAO,O_2}} \times \dfrac{S_A}{S_A + K_{GAO,A}} \times \dfrac{S_{NO_3^-}}{K_{GAO,NO_3^-} + S_{NO_3^-}} X_{GAO}$
25	X_{AOB} 好氧生长	$\mu_{AOB} \dfrac{S_{O_2}}{K_{AOB,O_2} + S_{O_2}} \times \dfrac{S_{NH_3}}{K_{AOB,NH_3} + S_{NH_3}} X_{AOB}$

续表

序号	过程	速率
26	X_{NOB} 好氧生长	$\mu_{NOB} \dfrac{S_{O_2}}{K_{NOB,O_2}+S_{O_2}} \times \dfrac{S_{NO_2^-}}{K_{NOB,NO_2^-}+S_{NO_2^-}} X_{NOB}$
27	X_{AOB} 衰减	$b_{AOB} X_{AOB}$
28	X_{NOB} 衰减	$b_{NOB} X_{NOB}$

7.3.4 模型参数

ASM2D 模型中共有 51 个动力学参数,同时给出了部分动力学参数为 20℃时的典型值(如表 7-7 所示),但是受到进水水质、工艺类型和运行参数等的影响,模型在应用前必须对这些参数值进行校正,模型的模拟才能与实际情况更加吻合。

表 7-7 ASM2D 动力学参数及典型值(20℃)

序号	符号	定义	单位	文献参考值/典型值
1	q_{PHA}	PAOs PHA 贮存速率常数	d^{-1}	12.72
2	K_A	PAOs SA 饱和系数	$g(COD)/m^3$	10
3	K_{PP}	PAOs 聚磷酸盐饱和系数	$g(P)/g(COD)$	0.05
4	q_{PP,O_2}	PAOs Poly-P 贮存速率常数	d^{-1}	1.5
5	K_{PAO,O_2}	PAOs 氧饱和/抑制系数	$g(O_2)/m^3$	0.2
6	$K_{PAO,PO_4^{3-}}$	PAOs 磷的饱和系数	$g(P)/m^3$	0.2
7	K_{PHA}	PAOs PHA 饱和系数	$g(COD)/g(COD)$	0.1
8	K_{max}	X_{PP}/X_{PAO} 的最大比率	$g(P)/g(COD)$	0.2
9	μ_{PAO,O_2}	PAOs 最大生长速率	d^{-1}	1
10	q_{PP,NO_3^-}	PAOs 基于硝酸盐的反硝化聚磷常数	d^{-1}	1.2
11	K_{PAO,NO_3^-}	PAOs 硝酸盐饱和/抑制系数	$g(N)/m^3$	0.251
12	q_{PP,NO_2^-}	PAOs 基于亚硝酸盐的反硝化聚磷常数	d^{-1}	1.2
13	K_{PAO,NO_2^-}	PAOs 亚硝酸盐饱和/抑制系数	$g(N)/m^3$	0.81

续表

序号	符号	定义	单位	文献参考值/典型值
14	$q_{PP,NO}$	PAOs 基于一氧化氮的反硝化聚磷常数	d^{-1}	1.2
15	$K_{PAO,NO}$	PAOs 一氧化氮饱和/抑制系数	$g(N)/m^3$	0.0021
16	q_{PP,N_2O}	PAOs 基于氧化亚氮的反硝化聚磷常数	d^{-1}	1.2
17	K_{PAO,N_2O}	PAOs 氧化亚氮饱和/抑制系数	$g(N)/m^3$	0.0052
18	K_{I,PAO,NO_2^-}	PAOs 亚硝酸盐抑制常数	$g(N)/m^3$	40
19	μ_{PAO,NO_3^-}	PAOs 基于硝酸盐的反硝化生长常数	d^{-1}	1.68
20	μ_{PAO,NO_2^-}	PAOs 基于亚硝酸盐的反硝化生长常数	d^{-1}	0.456
21	$\mu_{PAO,NO}$	PAOs 基于一氧化氮的反硝化生长常数	d^{-1}	3.4
22	μ_{PAO,N_2O}	PAOs 基于氧化亚氮的反硝化生长常数	d^{-1}	0.432
23	b_{PP}	PAOs 聚磷颗粒衰减常数	d^{-1}	0.12
24	b_{PAO}	PAOs 聚磷菌衰减常数	d^{-1}	0.12
25	b_{PHA}	PAOs PHA 衰减常数	d^{-1}	0.12
26	q_{GAO}	GAOs 胞内聚合物贮存常数	$g(COD)/g(COD)$	12.72
27	$K_{GAO,A}$	GAOs SA 饱和系数	$g(COD)/m^3$	10
28	μ_{GAO}	GAOs 好氧生长常数	d^{-1}	8.2
29	K_{GAO,O_2}	GAOs 氧饱和/抑制系数	$g(O_2)/m^3$	0.2
30	K_{STO}	GAOs 胞内聚合物饱和常数	$g(COD)/g(COD)$	1
31	μ_{GAO,NO_3^-}	GAOs 基于硝酸盐的内源反硝化常数	d^{-1}	3.4
32	K_{GAO,NO_3^-}	GAOs 硝酸盐饱和/抑制系数	$g(N)/m^3$	0.251
33	μ_{GAO,NO_2^-}	GAOs 基于亚硝酸盐的内源反硝化常数	d^{-1}	7
34	K_{GAO,NO_2^-}	GAOs 亚硝酸盐饱和/抑制系数	$g(N)/m^3$	0.81
35	$\mu_{GAO,NO}$	GAOs 基于一氧化氮的内源反硝化常数	d^{-1}	6
36	$K_{GAO,NO}$	GAOs 一氧化氮饱和/抑制系数	$g(N)/m^3$	0.0021
37	μ_{GAO,N_2O}	GAOs 基于氧化亚氮的内源反硝化常数	d^{-1}	5.5
38	K_{GAO,N_2O}	GAOs 氧化亚氮饱和/抑制系数	$g(N)/m^3$	0.0052
39	μ_{A,GAO,NO_3^-}	GAOs 基于硝酸盐的外源反硝化常数	d^{-1}	3.4

续表

序号	符号	定义	单位	文献参考值/典型值
40	μ_{A,GAO,NO_2^-}	GAOs基于亚硝酸盐的外源反硝化常数	d^{-1}	7
41	$\mu_{A,GAO,NO}$	GAOs基于一氧化氮的外源反硝化常数	d^{-1}	6
42	μ_{A,GAO,N_2O}	GAOs基于氧化亚氮的外源反硝化常数	d^{-1}	5.5
43	b_{GAO}	GAOs衰减常数	$g(COD)/g(COD)$	0.12
44	μ_{AOB}	AOB生长常数	d^{-1}	2.05
45	K_{AOB,O_2}	AOB氧饱和/抑制系数	$g(O_2)/m^3$	0.6
46	K_{AOB,NH_3}	AOB氨氮饱和系数	$g(N)/m^3$	2.4
47	μ_{NOB}	NOB生长常数	d^{-1}	1.45
48	K_{NOB,O_2}	NOB氧饱和系数	$g(O_2)/m^3$	2.2
49	K_{NOB,NO_2^-}	NOB亚硝酸盐饱和系数	$g(N)/m^3$	5.5
50	b_{AOB}	AOB衰减常数	d^{-1}	0.12
51	b_{NOB}	NOB衰减常数	d^{-1}	0.06

7.4 模型参数的校准和智能优化

7.4.1 模型关键参数的挑选和取值范围

SNDPR系统的ASM2D模型的参数较多，挑选关键参数是一个复杂的工程，系统中的关键参数往往与其主导的反应动力学过程有关。因此，本研究的参数校准过程分为两步，首先校准只有厌氧和缺氧过程的案例7～案例10，然后是基于校准后的厌氧和缺氧过程相关的主要的参数，校准An/MO/A过程和A/O过程中的好氧过程的主要参数。在校准参数前，需要进行参数的敏感性分析，挑选敏感性较高的关键参数，敏感性较低的参数取文献参考值，而在敏感性分析前应该要给定所有参数一个取值范围，在其取值范围内进行敏感性分析；然后对关键参数采用智能优化算法，以模型预测值与真实值的均方根误差最小为目标，寻找到关键的参数值。

首先选择的试验案例是案例7～案例10，它们的主导反应过程包括PAOs的厌氧释磷和反硝化聚磷过程、GAOs厌氧聚PHA和反硝化过程，这四个案例中包含的 34 个参数（见表 7-8）。随后在案例 7～案例 10 的校准参数基础上对案例 1～案例 6 中的其他参数进行校准，案例 1～案例 6 中包含的主导反应过程包括 PAOs 的厌氧释磷、好氧聚磷和反硝化聚磷过程，GAOs 的厌氧聚糖、好氧生长和外源及内源反硝化过程，AOB 好氧氧化氨氮，NOB 好氧氧化亚硝酸盐。这六个案例中好氧过程和外源反硝化过程所包含的共 17 个参数（见表 7-9）。

表 7-8　案例 7～案例 10 中关键参数的取值范围和部分参数文献参考值

参数名	单位	取值范围
q_{PHA}	d^{-1}	0.1～20
K_A	$g(COD)/m^3$	0.1～20
K_{PP}	$g(P)/m^3$	0.0001～1
$K_{PAO,PO_4^{3-}}$	$g(P)/m^3$	0.01～20
K_{PHA}	$g(COD)/m^3$	0.0001～1
K_{max}	$g(P)/m^3$	0.0001～1
q_{PAO,NO_3^-}	d^{-1}	0.1～20
K_{PAO,NO_3^-}	$g(N)/m^3$	0.0001～10
q_{PAO,NO_2^-}	d^{-1}	0.1～20
K_{PAO,NO_2^-}	$g(N)/m^3$	0.0001～10
$q_{PAO,NO}$	d^{-1}	0.1～20
$K_{PAO,NO}$	$g(N)/m^3$	0.0001～10
q_{PAO,N_2O}	d^{-1}	0.1～20
K_{PAO,N_2O}	$g(N)/m^3$	0.0001～10
K_{I,PAO,NO_2^-}	$g(N)/m^3$	1～100
μ_{PAO,NO_3^-}	d^{-1}	0.1～20
μ_{PAO,NO_2^-}	d^{-1}	0.1～20
$\mu_{PAO,NO}$	d^{-1}	0.1～20
μ_{PAO,N_2O}	d^{-1}	0.1～20
b_{PP}	d^{-1}	0.01～0.2
b_{PAO}	d^{-1}	0.01～0.2
b_{PHA}	d^{-1}	0.01～0.2
q_{GAO}	d^{-1}	0.1～20
$K_{GAO,A}$	$g(COD)/m^3$	0.1～20
K_{STO}	$g(COD)/m^3$	0.01～20
μ_{GAO,NO_3^-}	d^{-1}	0.1～20
K_{GAO,NO_3^-}	$g(N)/m^3$	0.0001～10

续表

参数名	单位	取值范围
μ_{GAO,NO_2^-}	d^{-1}	0.1~20
K_{GAO,NO_2^-}	$g(N)/m^3$	0.0001~10
$\mu_{GAO,NO}$	d^{-1}	0.1~20
$K_{GAO,NO}$	$g(N)/m^3$	0.0001~10
μ_{GAO,N_2O}	d^{-1}	0.1~20
K_{GAO,N_2O}	$g(N)/m^3$	0.0001~10
b_{GAO}	d^{-1}	0.01~0.2

表 7-9 案例 1～案例 6 中关键参数的取值范围和部分参数文献参考值

参数名	单位	取值范围
μ_{PAO,O_2}	d^{-1}	0.01~20
K_{PAO,O_2}	$g(O_2)/m^3$	0.0001~1
q_{PP,O_2}	d^{-1}	0.01~20
μ_{GAO}	d^{-1}	0.1~20
K_{GAO,O_2}	$g(O_2)/m^3$	0.01~5
μ_{AOB}	d^{-1}	1~20
K_{AOB,O_2}	$g(O_2)/m^3$	0~10
K_{AOB,NH_3}	$g(N)/m^3$	0~10
μ_{NOB}	d^{-1}	1~20
K_{NOB,O_2}	$g(O_2)/m^3$	0~10
K_{NOB,NO_2^-}	$g(N)/m^3$	0~10
b_{AOB}	d^{-1}	0.01~0.2
b_{NOB}	d^{-1}	0.01~0.2
μ_{A,GAO,NO_3^-}	d^{-1}	0.1~20
μ_{A,GAO,NO_2^-}	d^{-1}	0.1~20
$\mu_{A,GAO,NO}$	d^{-1}	0.1~20
μ_{A,GAO,N_2O}	d^{-1}	0.1~20

7.4.2 厌氧贮存内源反硝化和厌氧释磷反硝化聚磷过程

7.4.2.1 参数敏感性分析

如图 7-1～图 7-4 所示为案例 7～案例 10 所包含的厌氧过程、内源反硝化及聚磷过程中的 34 个参数的敏感性分析，具体指标为一阶影响指数（一阶敏感性）和总效应指数（全阶敏感性）。如图 7-1 所示（书后另见彩图）

为案例 7 中厌氧过程、内源反硝化及聚磷过程参数敏感性分析，该案例主要是 GAOs 厌氧聚糖、缺氧段以硝酸盐为基质的反硝化，PAOs 厌氧段释磷聚 PHA、缺氧段以硝酸盐为基质的反硝化聚磷过程。图中一阶敏感性和全阶敏感性最高的参数为 K_{PP}，该参数为 PAOs 聚磷酸盐饱和系数，其主要作用是控制厌氧段磷释放的速度。其次是与 GAOs 聚糖相关的参数 q_{GAO} 以及与反硝化过程相关的部分参数 μ_{GAO,NO_3^-}，μ_{GAO,NO_2^-}，K_{GAO,NO_2^-}。再次是与 PAOs 聚磷相关的参数 K_{PHA}，q_{PAO,NO_3^-}。

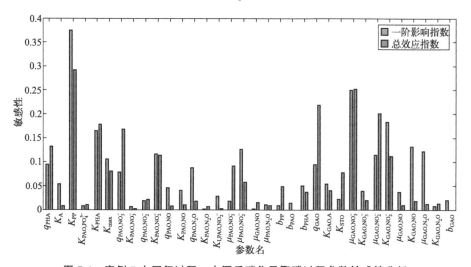

图 7-1 案例 7 中厌氧过程、内源反硝化及聚磷过程参数敏感性分析

如图 7-2 所示（书后另见彩图）为案例 8 中厌氧过程和内源反硝化及聚磷过程参数敏感性分析，该案例主要是 GAOs 厌氧聚糖、缺氧段以亚硝酸盐为基质的反硝化过程及 PAOs 厌氧段释磷聚 PHA、缺氧段以亚硝酸盐为基质的反硝化聚磷过程。图中所示，一阶敏感性和全阶敏感性最高的参数为 K_{PP}，这与案例 7 是相同的，说明了该参数对厌氧释磷过程的重要性，另外 q_{PHA} 的全阶敏感性也是相对较高的，说明其影响也较大。然后是与 GAOs 厌氧聚糖过程相关的参数 q_{GAO} 和缺氧亚硝酸盐反硝化过程相关的参数 μ_{GAO,NO_2^-}，K_{STO}。由于该过程没有硝酸盐的存在，因此与硝酸盐反硝化过程相关的参数现敏感性值均为零。

图 7-3（书后另见彩图）展示了案例 9 中厌氧过程、内源反硝化及聚磷过程参数敏感性分析。该案例是在厌氧期末投加 15mg/L 的亚硝酸盐和 15mg/L 的硝酸盐，进入缺氧段，探究两者共同存在时的反硝化情况。如图

所示，敏感性最高的参数依然是K_{PP}，案例 9 相比于案例 8 敏感性较高（>0.1）的参数还有$K_{GAO,A}$、K_A和μ_{GAO,NO_3^-}。

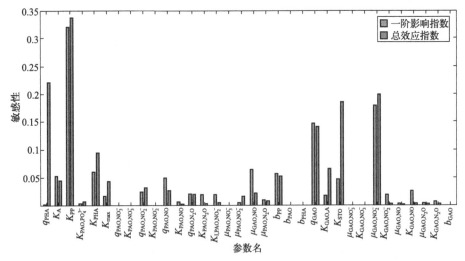

图 7-2 案例 8 中厌氧过程、内源反硝化及聚磷过程参数敏感性分析

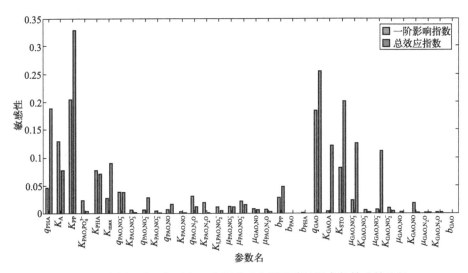

图 7-3 案例 9 中厌氧过程、内源反硝化及聚磷过程参数敏感性分析

如图 7-4 所示（书后另见彩图）为案例 10 中厌氧过程、内源反硝化过程及聚磷过程参数敏感性分析。该案例是在缺氧段每间隔一小时投加 10mg/L 的亚硝酸盐，共投放三次，探究低浓度亚硝酸盐的作用机理。如图所示，敏感性最高的参数依然是K_{PP}，相比于案例 7 在缺氧段初期一次性投

加 30mg/L 的亚硝酸盐，敏感性较高（>0.1）的参数还有 K_A、q_{PAO,NO_2^-} 和 K_{STO}。

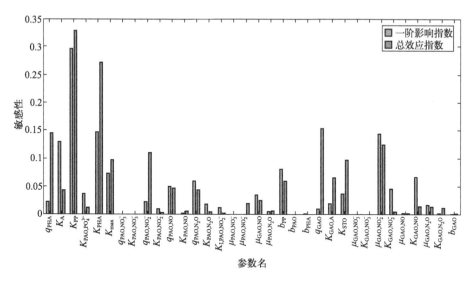

图 7-4　案例 10 中厌氧过程、内源反硝化及聚磷过程参数敏感性分析

根据上述各案例的敏感性分析，从四个案例中挑选一阶影响指数或总效应指数大于 0.1 的参数共有 18 个，分别为 q_{PHA}，K_A，K_{PP}，K_{PHA}，K_{max}，q_{PAO,NO_3^-}，K_{PAO,NO_2^-}，q_{PAO,N_2O}，μ_{PAO,NO_3^-}，μ_{PAO,NO_2^-}，q_{GAO}，$K_{GAO,A}$，K_{STO}，μ_{GAO,NO_3^-}，μ_{GAO,NO_2^-}，K_{GAO,NO_2^-}，$K_{GAO,NO}$，μ_{GAO,N_2O}。其中 q_{PHA}，K_A，K_{PP}，K_{PHA}，K_{max} 这五个参数主要影响 PAOs 厌氧贮存 PHA 并释放磷的过程；q_{PAO,NO_3^-}，K_{PAO,NO_2^-}，q_{PAO,N_2O}，μ_{PAO,NO_3^-}，μ_{PAO,NO_2^-}，这五个参数主要影响 PAOs 的反硝化聚磷和生长过程；q_{GAO}，$K_{GAO,A}$ 这两个参数主要影响 GAOs 的厌氧聚糖过程；K_{STO}，μ_{GAO,NO_3^-}，μ_{GAO,NO_2^-}，K_{GAO,NO_2^-}，$K_{GAO,NO}$，μ_{GAO,N_2O} 这六个参数主要影响聚糖菌反硝化生长过程。

7.4.2.2　关键参数的智能优化

根据上节挑选的 18 个关键参数进行智能优化，剩余的 16 个参数采用文献参考值。以 18 个参数为控制变量，将四个案例各自的模型预测值与对应的实际测量值之间的均方根误差之和作为综合的目标，采用遗传算法进行智能优化，优化过程如图 7-5 所示（书后另见彩图）。

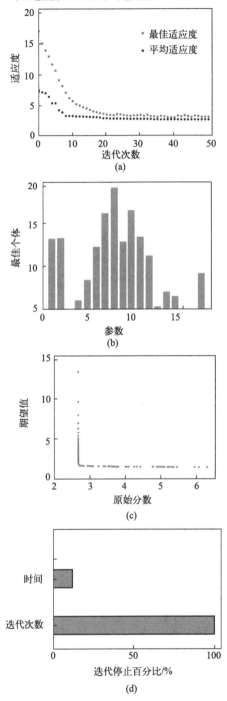

图 7-5 遗传算法优化模型参数的优化过程

由图 7-5 可以发现经过 50 次的遗传变异，最佳适应度函数值已经趋于平稳，最终得到的第 50 代个体的最佳适应度函数值为 2.73577。最佳适应度函数的值等于六个案例的模型预测值与对应的实际测量值之间的均方根误差的平均值，如图 7-5(a) 所示为遗传算法优化迭代过程，可以发现在最初代时的最佳适应度值为 15，而平均适应度值 7.5，适应度值代表着模型输出与对应时间的实际测量值之间的误差。图中可以发现，经过 20 次的种群遗传变异，最佳适应度函数和平均适应度函数相近，且两者趋于平缓，表明了经过 20 次的遗传变异，遗传算法基本找到了满足模型输出与实际测量值之间误差最小的 18 个参数的最佳组合。随后又经过了 30 次的迭代过程，最佳适应度函数和平均适应度函数有略微的降低。如图 7-5(b) 所示为各参数的最佳个体，可以发现参数 7~11 的最佳个体最大，这表明了在优化过程中，这五个参数随着优化时间的增加寻找到的参数更优。如图 7-5(d) 所示为遗传算法优化模型迭代停止状况，可以发现模型迭代停止的条件是达到了最大的迭代次数（50），而时间达到了接近最大时间（6000s）的 12%，而不是达到最大的容忍度（10^{-6}）寻找到的，结合图 7-5(a) 可以发现在 20~50 次迭代过程中误差降低得较少，因此可以认为在 50 次迭代时找到了最佳的参数组合，此时的最佳适应度值为 2.73577，平均适应度值为 3.15746，模型拟合较好。智能优化后得到的 18 个最佳参数值展示在表 7-10 中。

表 7-10 厌氧过程、内源反硝化过程及聚磷过程智能优化参数最佳参数值

参数名	参数值	参数名	参数值	参数名	参数值
q_{PHA}	11.510	K_{PHA}	1.622	K_{PAO,NO_2^-}	15.716
K_A	11.637	K_{max}	4.844	q_{PAO,N_2O}	19.734
K_{PP}	0.076	q_{PAO,NO_3^-}	10.170	μ_{PAO,NO_3^-}	11.088
μ_{PAO,NO_2^-}	16.222	K_{STO}	0.677	K_{GAO,NO_2^-}	0.300
q_{GAO}	11.820	μ_{GAO,NO_3^-}	3.035	$K_{GAO,NO}$	0.177
$K_{GAO,A}$	8.877	μ_{GAO,NO_2^-}	2.281	μ_{GAO,N_2O}	5.840

7.4.3 好氧聚磷和外源反硝化过程

7.4.3.1 参数敏感性分析

对上节筛选出的未校准的关键参数进行敏感性分析，案例 1~案例 6 所包含的关键参数的一阶影响指数和总效应指数展示在图 7-6~图 7-11 中。对于本研究案例 1（An/MO/A 运行模式，碳氮比为 5，后缺氧不额外添加

COD）的模型来说，敏感性较高的参数有 q_{PHA}，K_{PP}，μ_{PAO,O_2}，K_{PHA}，q_{PP,O_2}，K_{max}，q_{GAO}，Y_{PO_4}。对于敏感性较低的参数，本研究使用文献参考值或者IWAPRC使用的默认值。图7-6中所示（书后另见彩图），一阶敏感性最高的参数为 μ_{NOB}，其次是一阶敏感性和全价阶敏感性均较高的参数 μ_{AOB} 和 K_{AOB,O_2}，这表明了反应过程优先考虑的是氨氧化和亚硝酸盐氧化过程，因为这两个过程是脱氮过程的起始，对反硝化的影响较大。最后则是GAOs的好氧生长和外源反硝化的相关参数以及NOB的其他相关参数，影响最小的是PAOs的好氧生长系数和AOB的其他参数。

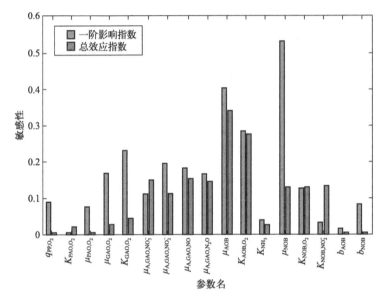

图 7-6　案例1关键参数的敏感性分析

如图7-7所示（书后另见彩图）为本研究案例2（An/MO/A运行模式，碳氮比为6，后缺氧额外添加90mg/L的COD）的模型关键参数的敏感性分析，可以发现一阶敏感性最高的两个参数分别是 μ_{AOB} 和 K_{AOB,O_2}，这是由于SBR反应器的初始氮源为氨氮，氨氮必须经过氧化生成亚硝酸盐才能够给后续的反硝化过程和亚硝酸盐氧化提供底物。紧接着是敏感性较高的两个参数分别是 μ_{NOB} 和 K_{NOB,O_2}，这表明了NOB的作用过程存在对亚硝酸盐和硝酸盐产物有较大的影响。最后则是与GAOs好氧生长和外源反硝化脱氮相关的参数 K_{GAO,O_2}，μ_{A,GAO,NO_3^-}，μ_{A,GAO,NO_2^-}，$\mu_{A,GAO,NO}$，μ_{A,GAO,N_2O}。外源反硝化有一定的影响是因为在该案例中，初始有8mg/L的硝酸盐剩余，而在后缺氧段又投加了 90mg/L 的 COD，因此在厌氧段和缺氧段的初期同时存在外源 COD 和硝酸盐，因而存在一定水平的外源反硝化作用。

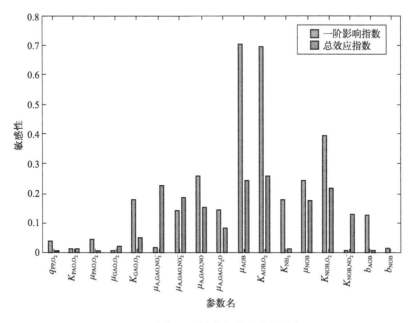

图 7-7 案例 2 关键参数的敏感性分析

如图 7-8 所示（书后另见彩图）为本研究案例 3（An/MO/A 运行模式，碳氮比为 7）的模型关键参数的敏感性分析，可以发现，外源反硝化参数的敏感性为零，这是由于本案例在厌氧段没有硝酸盐的存在，而在缺氧段也没有额外投加碳源，因而没有外源反硝化过程，只有内源反硝化过程。图中显示一阶敏感性最高的参数为 K_{GAO,O_2}，这可能是由于过高的碳源导致的好氧段 GAOs 的好氧生长过程的活跃。其次敏感性较高的参数是与 AOB 相关的两个参数 μ_{AOB} 和 K_{AOB,O_2}，最后则是与 NOB 相关的三个关键参数 μ_{NOB}、K_{NOB,O_2} 和 K_{NOB,NO_2^-}。

如图 7-9 所示（书后另见彩图）为本研究案例 4（An/MO/A 运行模式，碳氮比为 7，后缺氧段额外添加 90mg/L 的 COD）的模型关键参数的敏感性分析，可以发现，整体而言有较多的参数的敏感性都比较高，其中敏感性最高的参数是硝酸盐外源反硝化过程相关的参数 μ_{A,GAO,NO_3^-}，其次是 AOB 和 NOB 相关的参数 μ_{AOB}、K_{AOB,O_2}、μ_{NOB}、K_{NOB,O_2} 和 K_{NOB,NO_2^-}，最后是 GAOs 好氧生长过程有关的参数和外源反硝化过程的其他参数。

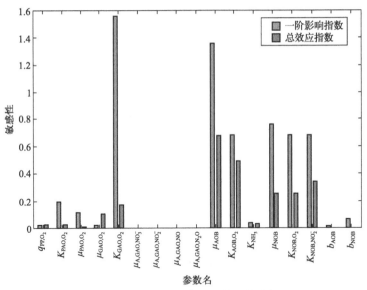

图 7-8 案例 3 关键参数的敏感性分析

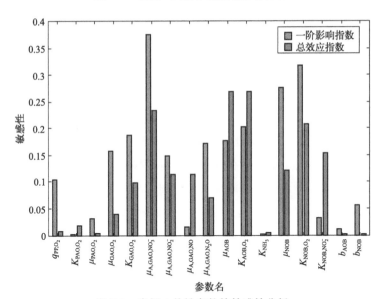

图 7-9 案例 4 关键参数的敏感性分析

图 7-10 和图 7-11（书后另见彩图）分别为案例 5 和案例 6 的关键参数的敏感性分析，两个案例的进水水质和运行模式都相同，不同的地方是两者在好氧段的溶解氧水平不相同，案例 5 的溶解氧水平比案例 6 的溶解氧高。可以发现在这两个案例的敏感性分析中影响最大的参数为 q_{PP,O_2}，该参数为好氧聚磷的比增长速度，是控制 PAOs 好氧聚磷的关键性参数，而在这两

个案例中关键的组分为溶解氧、COD 和溶解性磷酸盐,因此,在与好氧聚磷相关的 5 个参数中最重要的参数为 q_{PP,O_2}。而随着溶解氧的降低,q_{PP,O_2} 的敏感性在降低,其他 4 个参数的敏感性在增加。

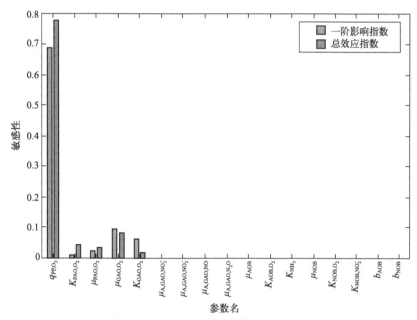

图 7-10 案例 5 关键参数的敏感性分析

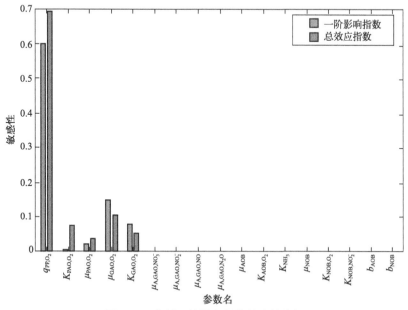

图 7-11 案例 6 关键参数的敏感性分析

经过上述六个案例的分析，可以得出这 17 个动力学参数均对模型有较大的影响，因此在后续的参数智能优化中，选择将这 17 个参数共同优化，寻找到最佳的参数组合。

7.4.3.2 关键参数的智能优化

根据上节挑选的 17 个动力学参数和 6 个案例各自的氧总传递系数，共 23 个参数进行智能优化过程。以 23 个参数为控制变量，将六个案例各自的模型预测值与对应的实际测量值之间的均方根误差的平均值作为综合的目标，采用遗传算法进行智能优化，优化过程如图 7-12 所示（书后另见彩图）。

由图 7-12 可以发现经过 50 次的遗传变异，最佳适应度函数值已经趋于平稳，最终得到的第 50 代个体的最佳适应度函数值为 3.52295，平均适应度值为 3.6053。最佳适应度函数的值等于六个案例的模型预测值与对应的实际测量值之间的均方根误差的平均值，这表明了模型的误差较小，模型拟合较好。智能优化后得到的 23 个最佳参数值展示在表 7-11 中。

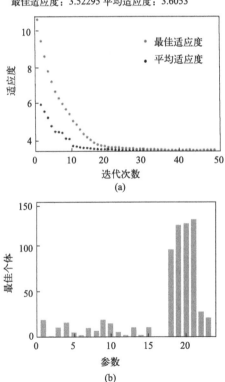

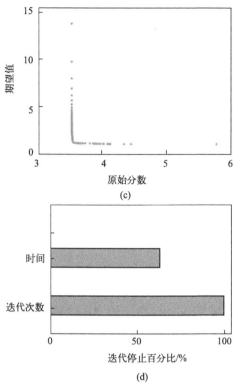

图 7-12 遗传算法优化模型参数的优化过程

表 7-11 An/MO/A 模式和 AO 模式下的 23 个参数

参数名	参数值	参数名	参数值	参数名	参数值	参数名	参数值
q_{PP,O_2}	19.434	μ_{A,GAO,N_2O}	19.591	b_{NOB}	0.153	μ_{GAO,O_2}	16.196
K_{PAO,O_2}	1.316	μ_{AOB}	19.407	Kla1	115.55	K_{GAO,O_2}	4.689
μ_{PAO,O_2}	12.656	K_{AOB,O_2}	14.608	Kla2	145.93	μ_{A,GAO,NO_3^-}	2.437
μ_{NOB}	14.97	$\mu_{A,GAO,NO}$	12.626	Kla3	150.30	Kla4	142.22
b_{AOB}	0.2	K_{NOB,O_2}	6.972	Kla5	56.451	Kla6	33.573
K_{NOB,NO_2^-}	8.501	μ_{A,GAO,NO_2^-}	19.419	K_{NH_3}	2.670		

注：Kla1~Kla6 分别为案例 1~案例 6 的氧总传递系数。

7.5 模型结果分析

7.5.1 An/A 过程分析

图 7-13（书后另见彩图）为 An/A 运行模式下的四个案例的模型预测

值和对应的实际测量值，其中图中的 COD 在厌氧段快速地贮存，均在 30min 内基本贮存完全，在本研究模型的建立过程中，厌氧段主要是 PAOs 的释磷聚 PHA 和 GAOs 的聚合胞内聚合物，两者的共同作用实现 COD 的快速贮存，由于四个案例的反应器初始 COD 浓度均为 120m/L，因此厌氧段的贮存过程基本相同。厌氧段与 COD 同步变化的为磷酸盐，磷酸盐也在 30 分钟内快速释放达到 13mg/L 左右，四个案例的磷酸盐释放水平基本相同，这表明了磷酸盐的释放主要是受到 COD 的影响，另一方面释磷量相同，表明了四个案例中模拟的 PAOs 在厌氧段贮存 PHA 的量相同，GAOs 在厌氧段贮存的胞内聚合物相同。

经过上述分析可以得到四个案例 GAOs 聚糖量一致，PAOs 聚 PHA 量一致。如图 7-13（a）所示，在缺氧段的初期投加了 30mg/L 的硝酸盐，可以发现经过 300min 的反应，硝酸盐从 30mg/L 降低到了 10mg/L，磷酸盐从 13mg/L 降低到 0.2mg/L，磷酸盐基本反应完全，这表明了基于硝酸盐的反硝化聚磷过程基本能实现磷酸盐的完全去除，而硝酸盐仍有大量的残余，这可能是由于进水碳源不足，使得 PAOs 和 GAOs 的反硝化作用无法将硝酸盐完全去除。

如图 7-13(b) 所示，在缺氧段的初期投加了 30mg/L 的亚硝酸盐，可以发现经过 200min 后，亚硝酸盐基本降为零，模型中模拟的磷酸盐降低至最低值 2mg/L。亚硝酸盐反应完全了，但磷酸盐仍有一部分残留，在这里模型中采用了亚硝酸盐抑制 PAOs 反硝化聚磷过程，当亚硝酸盐浓度较高时对反硝化聚磷过程有抑制作用，但亚硝酸盐对 GAOs 的反硝化过程抑制要小于 PAOs。因而 GAOs 可以进行以亚硝酸盐为基质的反硝化过程，由于碳氮比为 4，可以满足以亚硝酸盐为基质的反硝化过程，最终形成亚硝酸盐反应完全而磷酸盐有少量残留的现象。

如图 7-13(c) 所示，在缺氧段的初期同时投加了 15mg/L 的硝酸盐和 15mg/L 亚硝酸盐，可以发现硝酸盐和亚硝酸盐均快速下降，同时磷酸盐也在快速下降，经过 300min 后三者基本反应完全，仅磷酸盐残留大约 1mg/L，这表明在初始亚硝酸盐投加量为 15mg/L 时，对 PAOs 反硝化过程仍存在微弱的抑制作用，使得反应器出水仍有一定的磷残留。

如图 7-13(d) 所示，在缺氧段每隔一小时投加 10mg/L 的亚硝酸盐，三次投加亚硝酸盐均能够反应完全，而最终磷酸盐也能完全反应，这表明了 10mg/L 的亚硝酸盐对反硝化聚磷过程基本没有抑制影响。

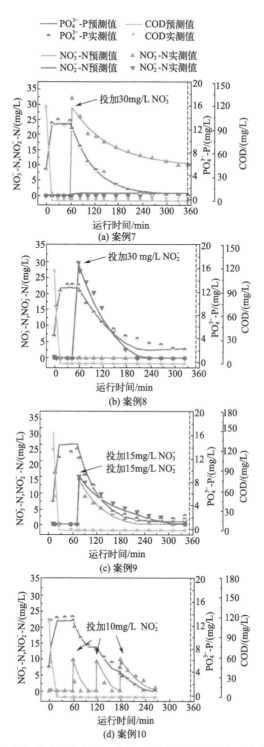

图 7-13 An/A 运行模式下案例 7~案例 10 的模型预测值与对应的实际测量值

7.5.2 An/MO 过程下好氧聚磷分析

图 7-14（书后另见彩图）为 An/O 运行模式下案例 5 和案例 6 的模型预测值与对应的实际测量值，图中两个案例的反应器初始 COD 均为 120mg/L，磷浓度均为 5mg/L，可以发现在厌氧段两个案例的 COD 吸收过程和磷酸盐的释放过程基本相同。在 30min 左右，COD 被反应完全，磷酸盐达到最大值约 13mg/L。

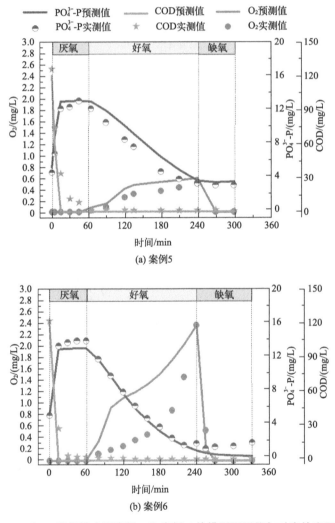

图 7-14　An/MO 运行模式下案例 5 和案例 6 的模型预测值与对应的实际测量值

在好氧段，如图 7-14(a) 所示，案例 5 的溶解氧最高可达 0.6mg/L，而图 7-14(b) 所示案例 6 的溶解氧最高可达 2.4mg/L，可以发现低溶解氧状态下磷酸盐在好氧末有大量的残余，而在高溶解氧下磷酸盐的残余量要小于低溶解氧环境。这可能是在低溶解氧下 PAOs 聚磷速度较慢，需要更长的时间才实现磷的吸收，而在高溶解氧下磷仍然无法完全贮存可能是由于存在聚磷过程和 PAOs 生长过程对内碳源的竞争。在缺氧段，由于没有氮氧化物的存在，因而无法进行反硝化聚磷，所以磷酸盐浓度基本没有下降。

7.5.3 An/MO/A 过程分析

图 7-15（书后另见彩图）为案例 1 和案例 2 的 COD、氨氮、硝酸盐、

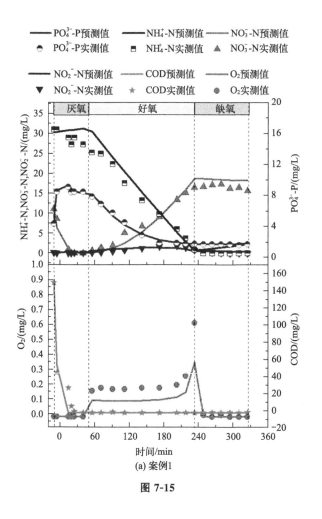

图 7-15

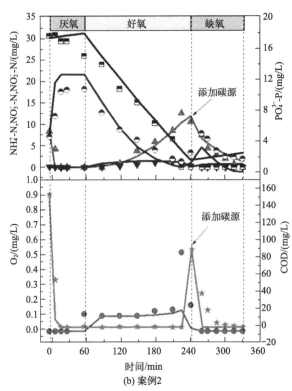

图 7-15 案例 1 和案例 2（An/MO/A 模式，碳氮比为 5）的模型预测值与实际测量值

亚硝酸盐、磷和 DO 预测值和实测值。可以发现两个案例中反应器初始物质浓度均为 150mg/L 的 COD，30mg/L 的氨氮和 5mg/L 的磷酸盐。不同的是案例 1 中由于上一周期残留的硝酸盐较多，导致本周期的初始阶段硝酸盐约为 11mg/L，而案例 2 的初始硝酸约为 8mg/L。厌氧段 COD 和磷酸盐的拟合效果较好，厌氧段初始有硝酸盐的存在，使得厌氧段释磷量降低，并且硝酸盐的量越大，厌氧释磷量越低，这是由于厌氧段存在外源反硝化过程与厌氧贮存释放磷酸盐的过程和聚糖过程竞争 COD，从而使得聚磷量降低。氨氮的拟合过程存在一定的差异，这可能是由细胞的衰减系数过大导致的厌氧段模型预测的氨氮出现略微上升的现象。

在好氧段，氨氮和磷酸盐均出现了快速下降的趋势，溶解氧在好氧段基本处于稳定的状态，硝酸盐呈上升的趋势，基本没有亚硝酸盐的产生。氨氮、磷酸盐、溶解氧、亚硝酸盐和硝酸盐的预测值与它们对应的实际测量值之间拟合较好。在好氧的条件下，氨氮的氧化过程，PAOs 和 GAOs 的好氧生长过程为主导过程，由于两个案例中溶解氧的水平均较低，因此存在着同步的反硝化作用，可以发现在好氧末期，图 7-15(a) 中硝酸盐的浓度约为 18mg/L，而图 7-15（b）中硝酸盐约为 12mg/L，两个案例的硝酸盐均没有反硝化完全，这可能是因为在厌氧段初期有硝酸盐的存在，使得厌氧末贮存的碳源不足，并且由于好氧段的 PAOs 和 GAOs 好氧生长进一步对内碳源消耗，因此在好氧段碳源不足以满足硝酸盐的完全去除。在好氧段基本没有亚硝酸盐的存在，这可能是两个方面的原因，一是亚硝酸盐反硝化的速率比硝酸盐更快，另一方面是 NOB 氧化亚硝酸盐的效果较强，使得基本没有亚硝酸盐的累积。

在缺氧段，图 7-15(a) 所示硝酸盐没有出现大幅度下降的趋势，这表明了在好氧段碳源基本被消耗完全，使得在缺氧段没有碳源供给硝酸盐的反硝化过程。图 7-15（b）所示，在缺氧段初期投加 90mg/L 的 COD，通过外源反硝化作用，最终可以实现硝酸盐的完全反硝化。

图 7-16（书后另见彩图）展示了案例 3 和案例 4 的 COD、氨氮、硝酸盐、亚硝酸盐、磷酸盐和 DO 的预测值和实测值，可以发现两个案例反应器初始均有 210mg/L 的 COD、30mg/L 的氨氮和 5mg/L 的磷酸盐，不同的是案例 4 有上周期残留的硝酸盐约 6mg/L，而案例 3 的没有残留硝酸盐的存在。

在厌氧段，两个案例的 COD 均在 30min 左右快速被吸收，如图 7-16(a) 所示，案例 3 厌氧释磷量约到 16mg/L，而图 7-16(b) 所示案例 4 磷酸盐释放到约 14mg/L，这可能是由于案例 4 的厌氧段初期有少量的硝酸盐的存在，使得其厌氧段部分 COD 用于了反硝化过程。

在好氧段两个案例的氨氮均可以反应完全，磷酸盐也均被完全贮存，两个案例的 DO 水平也基本相同，两者最大的差异在于好氧末案例 3 有极少量的硝酸盐，而案例 4 有约 10mg/L 的硝酸盐的存在，这可能是由于案例 3 的碳源较充足，在低溶解氧下可以实现同步硝化反硝化，从而好氧末基本没有硝酸盐的积累。而案例 4 由于厌氧初期存在少量的硝酸盐，使得碳源不足，从而导致好氧末出现少量的硝酸盐。在缺氧段，案例 3 由于底物基本反应完全因而没有出现较大波动，而案例 4 投加了 90mg/L 的碳源，在外源反硝化的作用下，硝酸盐被快速去除，由于 COD 的存在，PAOs 的聚 PHA 释放磷的过程使得最终出水有少量的磷。

7.5.4 模型评估分析

表 7-12、表 7-13 为不同的试验案例不同污染物浓度的模型输出与真实

值拟合结果的均方根误差（RMSE）和确定系数（R^2）。R^2 是度量拟合优度的统计量，R^2 的值越接近 1，说明模型输出对真实值的拟合程度越好；反之，R^2 的值越小，说明模型输出对真实值的拟合程度越差。如表 7-12 所示，O_2、COD、NO_3^-、NO_2^-、NH_4^+ 和 PO_4^{3-} 在 10 个试验案例中的 R^2 均值分别为 0.9141、0.8901、0.9212、0.7615、0.9569 和 0.9166，可以发现 O_2、COD、NO_3^-、NH_4^+ 和 PO_4^{3-} 这 5 个指标的拟合效果极好，而 NO_2^- 的拟合效果较差，这可能是由于 NO_2^- 为 SNDPR 系统中各反应过程的中间物质，因此拟合效果受到的影响因素较多，因而拟合效果较差。从整体上来看，模型的输出与真实值之间的拟合程度较高，表明了模型输出的规律性与真实数据之间较为一致。

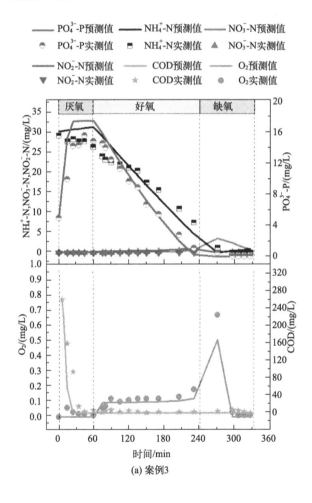

(a) 案例3

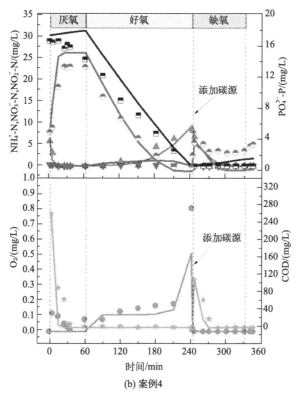

(b) 案例4

图 7-16 案例 3 和案例 4（An/MO/A 模式，碳氮比为 7）的模型预测值与对应的实际测量值

表 7-12 不同试验案例不同污染物模型拟合结果的 R^2

案例	底物					
	O_2	COD	NO_3^-	NO_2^-	NH_4^+	PO_4^{3-}
案例 1	0.8889	0.9596	0.9664	0.6841	0.9705	0.992
案例 2	0.9154	0.7556	0.8558	0.5921	0.9426	0.8586
案例 3	0.9801	0.8607	0.9126	0.5459	0.9514	0.9332
案例 4	0.9127	0.6742	0.8378	0.618	0.9633	0.8946
案例 5	0.8833	0.9379	—	—	—	0.9816
案例 6	0.9042	0.8863	—	—	—	0.9084
案例 7	—	0.9878	0.9892	0.8901	—	0.9941
案例 8	—	0.9927	—	0.9874	—	0.885
案例 9	—	0.9219	0.9651	0.9603	—	0.9492
案例 10	—	0.9245	—	0.8141	—	0.7698
平均	0.9141	0.8901	0.9212	0.7615	0.9569	0.9166

表 7-13　不同试验案例不同污染物模型拟合结果的 RMSE

案例	底物					
	O_2	COD	NO_3^-	NO_2^-	NH_4^+	PO_4^{3-}
案例 1	0.0041	8.84	1.39	0.29	2.23	0.28
案例 2	0.0017	21.81	1.41	0.40	2.94	1.72
案例 3	0.0042	16.5	0.08	0.11	2.69	1.78
案例 4	0.11	27.78	1.10	0.08	2.59	1.90
案例 5	0.25	8.85	—	—	—	0.69
案例 6	0.003	11.41	—	—	—	1.19
案例 7	—	3.18	0.97	0.13	—	0.38
案例 8	—	2.51	—	0.11	—	0.66
案例 9	—	11.48	0.81	0.82	—	1.18
案例 10	—	10.01	—	1.66	—	2.31
平均	0.062	12.24	0.96	0.45	2.61	1.21

RMSE 是用来衡量模型输出与真实值之间的偏差，偏差值越小表明模型拟合效果越好。表 7-13 中可以发现 O_2、COD、NO_3^-、NO_2^-、NH_4^+ 和 PO_4^{3-} 在 10 个试验案例中的 RMSE 均值分别为 0.062、12.24、0.96、0.45、2.61 和 1.21。可以发现其中 O_2 的模型拟合的 RMSE 是最低的，这表明了溶解氧在模型拟合过程中的误差是最小的，表明了模型输出的溶解氧和对应时间的真实值之间最为接近。其中 COD 的模型拟合的 RMSE 是最高的，这表明了模型输出的 COD 浓度与对应时间的真实值之间相差较大，这可能有两个原因，一方面是 COD 的数据在测量过程中存在一定的误差，另一方面是由于 COD 的水平较高，从而使得模型输出的 COD 与真实测量值之间的偏差较大。从整体上来看，模型的输出与真实值之间的偏差较小。

图 7-17（书后另见彩图）为不同试验案例不同污染物模型拟合结果的 R^2，从图中可以发现，案例 5～10 的整体的 R^2 是明显高于案例 1～4 的，这可能是由于案例 1～4 是描述在 A/MO/A 运行模式的脱氮除磷过程，其包含的动力学过程较为复杂，因而对于中间物质 NO_2^- 的拟合效果较差，整体上拟合效果也较差。案例 5～10 中由于试验过程没有投加氨氮，因而没有对氨氮进行拟合。图 7-18（书后另见彩图）为不同试验案例不同污染物模型拟合结果的 RMSE，可以发现 O_2、COD、NO_3^-、NO_2^-、NH_4^+ 和 PO_4^{3-} 的最大拟合误差 RMSE 分别为 0.2222、27.4796、1.4092、1.6613、2.9007 和 2.3469，误差最小的是 O_2，而误差最大的是 COD。

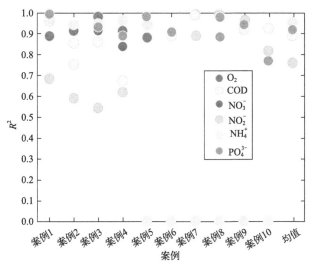

图 7-17　不同试验案例不同污染物模型拟合结果的 R^2

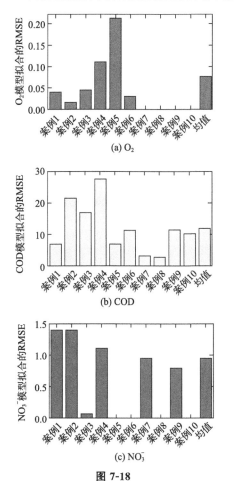

图 7-18

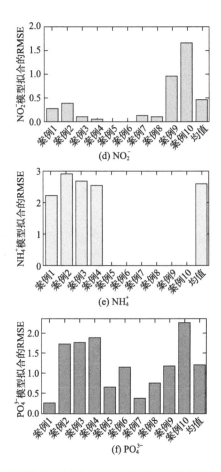

图 7-18 不同试验案例不同污染物模型拟合结果的 RMSE

总的来说,模型输出与真实值拟合结果的 RMSE 较小且 R^2 较高,模型的输出可以较好地重现试验数据,表明了模型对 SNDPR 系统模拟的有效性。

7.5.5 SNDPR 系统除磷机理分析

图 7-19(书后另见彩图)为在不同的试验案例下 SNDPR 系统中 PAOs 的除磷情况,图(a)~(d)依次表示试验案例 1~4。试验案例 1~4 的进水氨氮和磷酸盐为 30mg(N)/L 和 5mg/L,在好氧段的溶解氧基本控制在 0.2mg/L 左右(如图 7-15 和 7-16 所示)。试验案例 1 进水 COD 为 150mg/L;试验案例 2 的进水 COD 为 150mg/L,并在后缺氧段初始额外投加 90mg/L;试验案例 3 的进水 COD 为 210mg/L;试验案例 4 的进水 COD 为 210mg/L,

并在后缺氧段初始额外投加 90mg/L 的 COD。试验案例 1~4 为周期试验，由于试验案例 1~2 中碳氮比较低，总氮未完全去除，因此在反应的初期会有上一周期未反应完全的硝酸盐残留，而在试验案例 3~4 中，由于碳源充足，没有硝酸盐的残留。

图 7-19 中黄色的曲线为进水投加的磷酸盐的量和 PAOs 释磷量的总和。在厌氧段，试验案例 1 和 2 [图 7-19(a) 和 (b)] 中 PAOs 的释磷量为 6.19mg/L，试验案例 3 和 4 [图 7-19(c) 和 (d)] 中 PAOs 的释磷量为 12.13mg/L，可发现案例 3 和 4 的释磷的量几乎是案例 1 和 2 的两倍，这是因为案例 1 和 2 本身的初始 COD 浓度比案例 3 和 4 低，且厌氧初期硝酸盐的存在使得一部分 COD 被用于了反硝化过程，从而使得用于释磷聚 PHA 的 COD 比案例 3 和 4 的低。

在缺氧段，案例 2 中 PAOs 的释磷量为 4.14mg/L，案例 4 中 PAOs 的

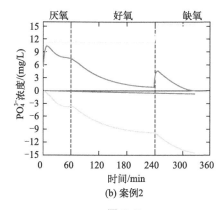

图 7-19

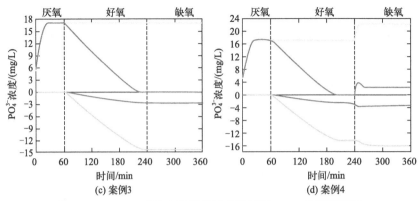

图 7-19 SNDPR 系统在不同的试验案例下 PAOs 的除磷情况

释磷量为 4.88mg/L，两个案例中释磷量差距较小，这是因为两者在缺氧段初期投加的碳源相同，并且在缺氧段均有硝酸盐残留。由于案例 4 的硝酸盐略低于案例 2，因而更多的碳源被用于了释磷过程。

磷酸盐去除途径主要有两个，分别是好氧聚磷过程和反硝化聚磷过程。图中红色曲线表示反应器中磷酸盐的浓度随时间的变化情况，蓝色曲线表示 PAOs 好氧聚磷过程，而绿色曲线表示 PAOs 反硝化聚磷过程，可以发现四个试验案例中反硝化聚磷过程为磷酸盐去除的主导过程，这是因为试验案例 1~4 的溶解氧较低，为反硝化过程创造了有利的条件，从而使得反硝化聚磷过程为主导的除磷过程。在厌氧段，案例 1 和 2 由于存在硝酸盐，因而出现了反硝化聚磷现象，当硝酸盐反应完全后则停止了聚磷过程，而案例 3 和 4 由于没有硝酸盐的存在，因此没有发生聚磷现象。在好氧段，案例 1 和案例 2 聚磷量为 6.75mg/L，其中通过反硝化聚磷量为 6.1mg/L，约占好氧段总聚磷量的 90%，好氧聚磷量为 0.65mg/L，约占好氧段总聚磷量的 10%。案例 3 和案例 4 聚磷量为 17.13mg/L，其中通过反硝化聚磷量为 14.31mg/L，约占好氧段总聚磷量的 83.5%，好氧聚磷量为 2.82mg/L，约占好氧段总聚磷量的 16.5%。可以发现，随着碳源投加量的增加好氧聚磷的比例在增大，这可能是因为碳源的增加使得好氧段同步硝化反硝化作用增强，从而降低了反应器中硝酸盐和亚硝酸盐的浓度，从而在一定程度上降低了反硝化聚磷的速率；而好氧聚磷过程主要受溶解氧和 PHA 的影响，碳源的增加会略微增大好氧聚磷速度，最终导致反硝化聚磷量占比下降。

7.6　本章小结

本研究采用改进的 ASM2D 模型来进行 SNDPR 系统过程模拟和机理研究，根据试验进行的条件和试验数据结果进行模型框架和动力学过程的设计，在模型参数校准过程中，首先采用基于 Sobol 的全局敏感性分析方法进行模型参数的敏感性分析，得到各个反应动力学过程的高敏感性参数，然后采用基于遗传算法的智能参数优化方法以高敏感性动力学参数和工艺参数 Kla 为控制变量，以模型输出与实际测量值之间的均方根误差的均值作为目标函数，进行参数的智能优化，模型的输出能够很好地吻合实际测量值。最后将校准好参数的模型用于探究 SNDPR 系统的除磷机制，发现在所选取的试验数据下，反硝化聚磷菌占据主导地位。基于试验条件和实际数据的动力学框架的建立、模型参数的敏感性分析以及快速智能的参数校准方法的使用，使得模型更有利于工程实际的应用。

参考文献

[1] 张忠祥,钱易. 废水生物处理新技术[M]. 北京:清华大学出版社,2004.

[2] Schalk-Otte S, Seviour R J, Kuenen J G, et al. Nitrous oxide (N_2O) production by *Alcaligenes faecalis* during feast and famine regimes[J]. Water Research, 2000, 34(7): 2080-2088.

[3] 贾文林. 同步硝化反硝化过程中 N_2O 释放特征及其机理研究 [D]. 济南:山东大学, 2013.

[4] Chen J, Strous M. Denitrification and aerobic respiration, hybrid electron transport chains and coevolution[J]. Biochimica Et Biophysica Acta-Bioenergetics, 2013, 1827(2): 136-144.

[5] Zeng W, Wang X, Li B, et al. Nitration and denitrifying phosphorus removal via nitrite pathway from domestic wastewater in a continuous MUCT process[J]. Bioresource Technology, 2013, 143: 187-195.

[6] Laureni M, Weissbrodt D G, Szivak I, et al. Activity and growth of anammox biomass on aerobically pre-treated municipal wastewater[J]. Water Research, 2015, 80: 325-336.

[7] Grunditz C, Dalhammar G. Development of nitrification inhibition assays using pure cultures of *Nitrosomonas* and *Nitrobacter*[J]. Water Research, 2001, 35(2): 433-440.

[8] Jubany I, Lafuente J, Baeza J A, et al. Total and stable washout of nitrite oxidizing bacteria from a nitrifying continuous activated sludge system using automatic control based on Oxygen Uptake Rate measurements[J]. Water Research, 2009, 43(11): 2761-2772.

[9] Vadivelu V M, Keller J, Yuan Z. Effect of free ammonia and free nitrous acid concentration on the anabolic and catabolic processes of an enriched *Nitrosomonas* culture[J]. Biotechnology and Bioengineering, 2006, 95(5): 830-839.

[10] Vadivelu V M, Yuan Z, Fux C, et al. The inhibitory effects of free nitrous acid on the energy generation and growth processes of an enriched *Nitrobacter* culture[J]. Environmental Science & Technology, 2006, 40(14): 4442-4448.

[11] Zhou Y, Oehmen A, Lim M, et al. The role of nitrite and free nitrous acid (FNA) in wastewater treatment plants[J]. Water Research, 2011, 45(15): 4672-4682.

[12] Li J, Zhang L, Liu J, et al. Hydroxylamine addition and real-time aeration control in sewage nitration system for reduced start-up period and improved process stability[J]. Bioresource Technology, 2019, 294: 122183.

[13] Zhao J, Zhao J, Xie S, et al. The role of hydroxylamine in promoting conversion from complete nitrification to partial nitrification: NO toxicity inhibition and its characteristics[J]. Bioresource Technology, 2021, 319: 124230.

[14] Li J, Zhang Q, Li X, et al. Rapid start-up and stable maintenance of domestic wastewater nitration through short-term hydroxylamine addition[J]. Bioresource Technology, 2019, 278: 468-472.

[15] Bock E, Schmidt I, Stuven R, et al. Nitrogen loss caused by denitrifying nitrosomonas cells using ammonium or hydrogen as electron-donors and nitrite as electron-acceptor[J]. Archives of

Microbiology, 1995, 163(1): 16-20.

[16] Rittmann B E, Langeland W E. Simultaneous denitrification with nitrification in single channel oxidation ditches[J]. Journal Water Pollution Control Federation, 1985, 57(4): 300-308.

[17] Goronszy M C, Demoulin G, Newland M. Aerated denitrification in full-scale activated sludge facilities[J]. Water Science and Technology, 1997, 35(10): 103-110.

[18] Gupta A B. Thiosphaera pantotropha: A sulphur bacterium capable of simultaneous heterotrophic nitrification and aerobic denitrification[J]. Enzyme and Microbial Technology, 1997, 21(8): 589-595.

[19] Joo H S, Hirai M, Shoda M. Nitrification and denitrification in high-strength ammonium by *Alcaligenes faecalis*[J]. Biotechnology Letters, 2005, 27(11): 773-778.

[20] 陈赵芳, 尹立红, 浦跃朴, 等. 一株异养硝化菌的筛选及其脱氮条件[J]. 东南大学学报(自然科学版), 2007, 37(03): 486-490.

[21] Coma M, Verawaty M, Pijuan M, et al. Enhancing aerobic granulation for biological nutrient removal from domestic wastewater[J]. Bioresource Technology, 2012, 103(1): 101-108.

[22] Munch E V, Lant P, Keller J. Simultaneous nitrification and denitrification in bench-scale sequencing batch reactors[J]. Water Research, 1996, 30(2): 277-284.

[23] Yoo H, Ahn K H, Lee H J, et al. Nitrogen removal from synthetic wastewater by simultaneous nitrification and denitrification (SND) via nitrite in an intermittently-aerated reactor[J]. Water Research, 1999, 33(1): 145-154.

[24] Arun V, Mino T, Matsuo T. Biological mechanism of acetate uptake mediated by carbohydrate consumption in excess phosphorus removal systems [J]. Water Research, 1988, 22(5): 565-570.

[25] Petriglieri F, Singleton C, Peces M, et al. "*Candidatus Dechloromonas phosphoritropha*" and "*Ca. D. phosphorivorans*", novel polyphosphate accumulating organisms abundant in wastewater treatment systems[J]. Isme Journal, 2021, 15(12): 3605-3614.

[26] Tian Y, Chen H, Chen L, et al. Glycine adversely affects enhanced biological phosphorus removal[J]. Water Research, 2022, 209: 117894.

[27] Nguyen H T T, Nielsen J L, Nielsen P H. '*Candidatus Halomonas phosphatis*', a novel polyphosphate-accumulating organism in full-scale enhanced biological phosphorus removal plants [J]. Environmental Microbiology, 2012, 14(10): 2826-2837.

[28] Nan Y P, Yuan L J, He Z X. Variation of polyphosphate kinase activity in activated sludge during biological phosphorus removal[J]. China Water & Wastewater, 2012, 28(9): 26-29.

[29] Rao N N, Gómez-García M R, Kornberg A. Inorganic polyphosphate: Essential for growth and survival[J]. Annual Review of Biochemistry, 2009, 78: 605-647.

[30] Mao Y, Yu K, Xia Y, et al. Genome reconstruction and gene expression of "*Candidatus Accumulibacter phosphatis*" Clade IB performing biological phosphorus removal[J]. Environmental Science and Technology, 2014, 48(17): 10363-10371.

[31] Ni M, Pan Y, Chen Y, et al. Effects of seasonal temperature variations on phosphorus removal, recovery, and key metabolic pathways in the suspended biofilm[J]. Biochemical Engineering Journal, 2021, 176: 108187.

[32] Garcia Martin H, Ivanova N, Kunin V, et al. Metagenomic analysis of two enhanced biological phosphorus removal (EBPR) sludge communities [J]. Nat Biotechnol, 2006, 24(10): 1263-1269.

[33] McIlroy S J, Albertsen M, Andresen E K, et al. 'Candidatus Competibacter'-lineage genomes retrieved from metagenomes reveal functional metabolic diversity[J]. ISME Journal, 2014, 8 (3): 613-624.

[34] Qiu G, Liu X, Saw N M M T, et al. Metabolic traits of Candidatus Accumulibacter clade IIF strain SCELSE-1 using amino acids as carbon sources for enhanced biological phosphorus removal [J]. Environmental Science and Technology, 2020, 54(4): 2448-2458.

[35] Kuba T, Smolders G, Vanloosdrecht M C M, et al. Biological phosphorus removal from wastewater by anaerobic-anoxic sequencing batch reactor[J]. Water Science and Technology, 1993, 27 (5-6): 241-252.

[36] Guisasola A, Qurie M, del Mar Vargas M, et al. Failure of an enriched nitrite-DPAO population to use nitrate as an electron acceptor[J]. Process Biochemistry, 2009, 44(7): 689-695.

[37] Flowers J J, He S, Yilmaz S, et al. Denitrification capabilities of two biological phosphorus removal sludges dominated by different 'Candidatus Accumulibacter' clades[J]. Environmental Microbiology Reports, 2009, 1(6): 583-588.

[38] Skennerton C T, Barr J J, Slater F R, et al. Expanding our view of genomic diversity in Candidatus Accumulibacter clades[J]. Environmental Microbiology, 2015, 17(5): 1574-1585.

[39] Kim J M, Lee H J, Lee D S, et al. Characterization of the denitrification-associated phosphorus uptake properties of "Candidatus Accumulibacter phosphatis" clades in sludge subjected to enhanced biological phosphorus removal[J]. Applied and Environmental Microbiology, 2013, 79 (6): 1969-1979.

[40] Zeng W, Li B, Wang X, et al. Influence of nitrite accumulation on "Candidatus Accumulibacter" population structure and enhanced biological phosphorus removal from municipal wastewater[J]. Chemosphere, 2016, 144: 1018-1025.

[41] Rubio-Rincon F J, Lopez-Vazquez C M, Welles L, et al. Cooperation between Candidatus Competibacter and Candidatus Accumulibacter clade Ⅰ, in denitrification and phosphate removal processes[J]. Water Research, 2017, 120: 156-164.

[42] Zilles J L, Peccia J, Noguera D R. Microbiology of enhanced biological phosphorus removal in aerated-anoxic Orbal processes[J]. Water environment research : A Research Publication of the Water Environment Federation, 2002, 74(5): 428-436.

[43] Juretschko S, Loy A, Lehner A, et al. The microbial community composition of a nitrifying-denitrifying activated sludge from an industrial sewage treatment plant analyzed by the full-cycle

rRNA approach[J]. Systematic and Applied Microbiology, 2002, 25(1): 84-99.

[44] Crocetti G R, Banfield J F, Keller J, et al. Glycogen-accumulating organisms in laboratory-scale and full-scale wastewater treatment processes[J]. Microbiology-Sgm, 2002, 148: 3353-3364.

[45] Dai Y, Yuan Z, Wang X, et al. Anaerobic metabolism of *Defluviicoccus vanus* related glycogen accumulating organisms (GAOs) with acetate and propionate as carbon sources[J]. Water Research, 2007, 41(9): 1885-1896.

[46] Wang L, Liu J, Oehmen A, et al. Butyrate can support PAOs but not GAOs in tropical climates [J]. Water Research, 2021, 193: 116884.

[47] Welles L, Tian W D, Saad S, et al. *Accumulibacter* clades Type Ⅰ and Ⅱ performing kinetically different glycogen-accumulating organisms metabolisms for anaerobic substrate uptake[J]. Water Research, 2015, 83: 354-366.

[48] van Loosdrecht M C M, Smolders G J, Kuba T, et al. Metabolism of micro-organisms responsible for enhanced biological phosphorus removal from wastewater, use of dynamic enrichment cultures[J]. Antonie van Leeuwenhoek, International Journal of General and Molecular Microbiology, 1997, 71(1-2): 109-116.

[49] Bond P L, Keller J, Blackall L L. Anaerobic phosphate release from activated sludge with enhanced biological phosphorus removal. A possible mechanism of intracellular pH control[J]. Biotechnology and Bioengineering, 1999, 63(5): 507-515.

[50] Fleit E. Intracellular pH regulation in biological excess phosphorus removal systems[J]. Water Research, 1995, 29(7): 1787-1792.

[51] Seviour R J, Mino T, Onuki M. The microbiology of biological phosphorus removal in activated sludge systems[J]. FEMS Microbiology Reviews, 2003, 27(1): 99-127.

[52] Maurer M, Gujer W, Hany R, et al. Intracellular carbon flow in phosphorus accumulating organisms from activated sludge systems[J]. Water Research, 1997, 31(4): 907-917.

[53] Smolders G J F, van der Meij J, van Loosdrecht M C M, et al. A structured metabolic model for anaerobic and aerobic stoichiometry and kinetics of the biological phosphorus removal process[J]. Biotechnology and Bioengineering, 1995, 47(3): 277-287.

[54] Hesselmann R P X, von Rummell R, Resnick S M, et al. Anaerobic metabolism of bacteria performing enhanced biological phosphate removal[J]. Water Research, 2000, 34(14): 3487-3494.

[55] Lanham A B, Oehmen A, Saunders A M, et al. Metabolic versatility in full-scale wastewater treatment plants performing enhanced biological phosphorus removal[J]. Water Research, 2013, 47(19): 7032-7041.

[56] Zhou Y, Pijuan M, Zeng R J, et al. Involvement of the TCA cycle in the anaerobic metabolism of polyphosphate accumulating organisms (PAOs)[J]. Water Research, 2009, 43(5): 1330-1340.

[57] Oehmen A, Saunders A M, Vives M T, et al. Competition between polyphosphate and glycogen

accumulating organisms in enhanced biological phosphorus removal systems with acetate and propionate as carbon sources[J]. J Biotechnol, 2006, 123(1): 22-32.

[58] Chen L, Chen H, Hu Z, et al. Carbon uptake bioenergetics of PAOs and GAOs in full-scale enhanced biological phosphorus removal systems [J]. Water research, 2022, 216: 118258-118258.

[59] Whang L M, Park J K. Competition between polyphosphate-and glycogen-accumulating organisms in biological phosphorus removal systems—Effect of temperature[J]. Water Science & Technology A Journal of the International Association on Water Pollution Research, 2002, 46 (1-2): 191-194.

[60] Carvalheira M, Oehmen A, Carvalho G, et al. The impact of aeration on the competition between polyphosphate accumulating organisms and glycogen accumulating organisms[J]. Water Research, 2014, 66: 296-307.

[61] Izadi P, Izadi P, Eldyasti A. Evaluation of PAO adaptability to oxygen concentration change: Development of stable EBPR under stepwise low-aeration adaptation[J]. Chemosphere, 2022, 286: 131778.

[62] Wang X, Wang S, Xue T, et al. Treating low carbon/nitrogen (C/N) wastewater in simultaneous nitrification-endogenous denitrification and phosphorous removal (SNDPR) systems by strengthening anaerobic intracellular carbon storage[J]. Water Res, 2015, 77: 191-200.

[63] Qiu G, Law Y, Zuniga-Montanez R, et al. Global warming readiness: Feasibility of enhanced biological phosphorus removal at 35 ℃[J]. Water Research, 2022: 118301.

[64] Brown P, Ikuma K, Ong S K. Biological phosphorus removal and its microbial community in a modified full-scale activated sludge system under dry and wet weather dynamics[J]. Water Research, 2022: 118338.

[65] Valverde-Pérez B, Wágner D S, Lóránt B, et al. Short-sludge age EBPR process-Microbial and biochemical process characterisation during reactor start-up and operation[J]. Water Research, 2016, 104: 320-329.

[66] 王晓霞. 低 C/N 比污水同步硝化反硝化除磷工艺与优化控制 [D]. 北京: 北京工业大学, 2016.

[67] Henze M, Grady C P L, Gujer W, et al. Activated sludge model no. 1[J]. Activated Sludge Model No. 1, 1987.

[68] IAWQ. Activated Sludge Model No. 2[J]. Scientific and Technical Report No. 3, 1995.

[69] Gujer W, Henze M, Mino T, et al. Activated Sludge Model No. 3[J]. Water Science and Technology, 1999, 39(1): 183-193.

[70] van Veldhuizen H M, van Loosdrecht M C M, Heijnen J J. Modelling biological phosphorus and nitrogen removal in a full scale activated sludge process[J]. Water Research, 1999, 33(16): 3459-3468.

[71] Santos J M M, Rieger L, Lanham A B, et al. A novel metabolic-ASM model for full-scale biological nutrient removal systems[J]. Water Res, 2020, 171: 115373.

[72] Ribeiro J M, Conca V, Santos J M M, et al. Expanding ASM models towards integrated processes for short-cut nitrogen removal and bioplastic recovery[J]. Science of The Total Environment, 2022, 821: 153492.

[73] Maktabifard M, Blomberg K, Zaborowska E, et al. Model-based identification of the dominant N_2O emission pathway in a full-scale activated sludge system[J]. Journal of Cleaner Production, 2022, 336: 130347.

[74] Barker P S, Dold P L. General model for biological nutrient removal activated-sludge systems: Model presentation[J]. Water Environment Research, 1997, 69(5): 969-984.

[75] Rieger L, Koch G, Kühni M, et al. The EAWAG Bio-P module for activated sludge model No. 3[J]. Water Research, 2001, 35(16): 3887-3903.

[76] Hu Z R, Wentzel M C, Ekama G A. A general kinetic model for biological nutrient removal activated sludge systems: Model development[J]. Biotechnology and Bioengineering, 2007, 98(6): 1242-1258.

[77] van Loosdrecht M C M, Lopez-Vazquez C M, Meijer S C F, et al. Twenty-five years of ASM1: Past, present and future of wastewater treatment modelling[J]. Journal of Hydroinformatics, 2015, 17(5): 697-718.

[78] Zhang P, Chen Y, Zhou Q, et al. Understanding short-chain fatty acids accumulation enhanced in waste activated sludge alkaline fermentation: Kinetics and microbiology[J]. Environmental Science & Technology, 2010, 44(24): 9343-9348.

[79] Bougrier C, Carrère H, Delgenès J P. Solubilisation of waste-activated sludge by ultrasonic treatment[J]. Chemical Engineering Journal, 2005, 106(2): 163-169.

[80] Lo I W, Lo K V, Mavinic D S, et al. Contributions of biofilm and suspended sludge to nitrogen transformation and nitrous oxide emission in hybrid sequencing batch system[J]. Journal of Environmental Sciences, 2010, 22(7): 953-960.

[81] 赵倩, 赵剑强, 王莎, 等. SBR侧流除磷强化同步亚硝化反硝化除磷效率[J]. 水处理技术, 2020, 46(08): 22-28.

[82] Schuler A J, Jenkins D. Enhanced biological phosphorus removal from wastewater by biomass with different phosphorus contents, part Ⅱ: Anaerobic adenosine triphosphate utilization and acetate uptake rates[J]. Water Environment Research, 2003, 75(6): 499-511.

[83] 金展. 强化反硝化吸磷的低碳源污水处理技术[D]. 重庆: 重庆大学, 2015.

[84] Saunders A M, Mabbett A N, McEwan A G, et al. Proton motive force generation from stored polymers for the uptake of acetate under anaerobic conditions[J]. Fems Microbiology Letters, 2007, 274(2): 245-251.

[85] 王莎. 亚硝酸盐反硝化过程中NO和N_2O积累特征及其机理研究[D]. 西安: 长安大学, 2019.

[86] Du S, Yu D, Zhao J, et al. Achieving deep-level nutrient removal via combined denitrifying phosphorus removal and simultaneous partial nitrification-endogenous denitrification process in a single-sludge sequencing batch reactor[J]. Bioresource Technology, 2019, 289: 121690.

[87] 张原洁. 微氧升流式膜生物反应器 SNAD 启动与机制研究[D]. 北京：北京化工大学，2018.

[88] Xu P, Wei Y, Cheng N, et al. Evaluation on the removal performance of dichloromethane and toluene from waste gases using an airlift packing reactor[J]. Journal of Hazardous Materials, 2019, 366: 105-113.

[89] 古新，张昱，张晶，等. *Rhodobacter* sp. NP25b 菌株缺氧降解壬基酚聚氧乙烯醚的研究[J]. 环境工程学报，2008，2(7)：880-885.

[90] Hu Y, Dong D, Wan K, et al. Potential shift of bacterial community structure and corrosion-related bacteria in drinking water distribution pipeline driven by water source switching[J]. Frontiers of Environmental Science & Engineering, 2021, 15(2): 28.

[91] Wang W, Xie H, Wang H, et al. Organic compounds evolution and sludge properties variation along partial nitritation and subsequent anammox processes treating reject water[J]. Water Research, 2020, 184: 116197.

[92] 姚源，竺建荣，唐敏. 好氧颗粒污泥技术处理乡镇污水应用[J]. 环境科学研究，2018，31(02)：379-388.

[93] 米静. 典型含氮杂环化合物与苯酚共基质短程反硝化研究[D]. 太原：太原理工大学，2016.

[94] 朱明山. 水蚯蚓-微生物共生 EBPR 系统除磷特性及群落结构研究[D]. 杭州：浙江工商大学，2012.

[95] Subari F, Kamaruzzaman M A, Abdullah S R S, et al. Simultaneous removal of ammonium and manganese in slow sand biofilter (SSB) by naturally grown bacteria from lake water and its diverse microbial community[J]. Journal of Environmental Chemical Engineering, 2018, 6(5): 6351-6358.

[96] Zhang Q, He J, Wang H, et al. Microbial community changes during the start-up of an anaerobic/aerobic/anoxic-type sequencing batch reactor[J]. Environmental Technology, 2013, 34(9): 1211-1217.

[97] Pishgar R, Dominic J A, Tay J H, et al. Pilot-scale investigation on nutrient removal characteristics of mineral-rich aerobic granular sludge: Identification of uncommon mechanisms [J]. Water Research, 2020, 168: 115151.

[98] Zhao J, Feng L, Dai J, et al. Characteristics of nitrogen removal and microbial community in biofilm system via combination of pretreated lignocellulosic carriers and various conventional fillers[J]. Biodegradation, 2017, 28(5-6): 337-349.

[99] Wang Y, Shen L, Wu J, et al. Step-feeding ratios affect nitrogen removal and related microbial communities in multi-stage vertical flow constructed wetlands[J]. Science of The Total Environment, 2020, 721: 137689.

[100] Tsuneda S, Ohno T, Soejima K, et al. Simultaneous nitrogen and phosphorus removal using denitrifying phosphate-accumulating organisms in a sequencing batch reactor[J]. Biochemical Engineering Journal, 2006, 27(3): 191-196.

[101] Li C, Liu S F, Ma T, et al. Simultaneous nitrification, denitrification and phosphorus removal

in a sequencing batch reactor (SBR) under low temperature[J]. Chemosphere, 2019, 229: 132-141.

[102] Zheng X, Tong J, Li H, et al. The investigation of effect of organic carbon sources addition in anaerobic-aerobic (low dissolved oxygen) sequencing batch reactor for nutrients removal from wastewaters[J]. Bioresour Technol, 2009, 100(9): 2515-2520.

[103] Yuan C, Wang B, Peng Y, et al. Enhanced nutrient removal of simultaneous partial nitrification, denitrification and phosphorus removal (SPNDPR) in a single-stage anaerobic/micro-aerobic sequencing batch reactor for treating real sewage with low carbon/nitrogen[J]. Chemosphere, 2020, 257: 127097.

[104] Taya C, Garlapati V K, Guisasola A, et al. The selective role of nitrite in the PAO/GAO competition[J]. Chemosphere, 2013, 93(4): 612-618.

[105] Wang Q, Ye L, Jiang G, et al. Side-stream sludge treatment using free nitrous acid selectively eliminates nitrite oxidizing bacteria and achieves the nitrite pathway[J]. Water Res, 2014, 55: 245-255.

[106] Duan H R, Gao S H, Li X, et al. Improving wastewater management using free nitrous acid (FNA)[J]. Water Research, 2020, 171: 115382.

[107] Knowles R. Denitrification[J]. Microbiological Reviews, 1982, 46(1): 43-70.

[108] Zhou Y, Ganda L, Lim M, et al. Free nitrous acid (FNA) inhibition on denitrifying poly-phosphate accumulating organisms (DPAOs)[J]. Appl Microbiol Biotechnol, 2010, 88(1): 359-369.

[109] Wang S, Zhao J, Huang T. High NO and N_2O accumulation during nitrite denitrification in lab-scale sequencing batch reactor: Influencing factors and mechanism[J]. Environ Sci Pollut Res Int, 2019, 26(33): 34377-34387.

[110] Ding X, Zhao J, Hu B, et al. Mathematical modeling of nitrous oxide (N_2O) production in anaerobic/anoxic/oxic processes: Improvements to published N_2O models[J]. Chemical Engineering Journal, 2017, 325: 386-395.

[111] Yu C, Tu Q, Huangfu X, et al. Effects of hydraulic retention time on nitrous oxide production rates during nitrification in a laboratory-scale biological aerated filter reactor[J]. Environmental Technology & Innovation, 2021, 21: 101342.

[112] Yang S, Yang F. Nitrogen removal via short-cut simultaneous nitrification and denitrification in an intermittently aerated moving bed membrane bioreactor[J]. Journal of Hazardous Materials, 2011, 195: 318-323.

[113] Ge S, Peng Y, Qiu S, et al. Complete nitrogen removal from municipal wastewater via partial nitrification by appropriately alternating anoxic/aerobic conditions in a continuous plug-flow step feed process[J]. Water Research, 2014, 55: 95-105.

[114] Kuypers M M M, Marchant H K, Kartal B. The microbial nitrogen-cycling network[J]. Nat Rev Microbiol, 2018, 16(5): 263-276.

[115] Caranto J D, Lancaster K M. Nitric oxide is an obligate bacterial nitrification intermediate produced by hydroxylamine oxidoreductase[J]. Proceedings of the National Academy of Sciences of the United States of America, 2017, 114(31): 8217-8222.

[116] Starkenburg S R, Arp D J, Bottomley P J. Expression of a putative nitrite reductase and the reversible inhibition of nitrite-dependent respiration by nitric oxide in *Nitrobacter winogradskyi* Nb-255[J]. Environmental Microbiology, 2008, 10(11): 3036-3042.

[117] Courtens E N, De Clippeleir H, Vlaeminck S E, et al. Nitric oxide preferentially inhibits nitrite oxidizing communities with high affinity for nitrite[J]. J Biotechnol, 2015, 193: 120-122.

[118] Zeng W, Bai X, Guo Y, et al. Interaction of "*Candidatus Accumulibacter*" and nitrifying bacteria to achieve energy-efficient denitrifying phosphorus removal via nitrite pathway from sewage[J]. Enzyme and Microbial Technology, 2017, 105: 1-8.

[119] Weng D C, Peng Y Z, Wang X X, et al. Inhibition of nitrite on denitrifying phosphate removal process[J]. Advanced Materials Research, 2014, 955-959: 1944-1950.

[120] 杨蕊春. 厌氧侧流磷回收对低耗主流 EBPR 系统除磷性能及微生物种群结构的影响[D]. 兰州: 兰州交通大学, 2020.

[121] Lopez-Vazquez C M, Song Y I, Hooijmans C M, et al. Temperature effects on the aerobic metabolism of glycogen-accumulating organisms[J]. Biotechnology and Bioengineering, 2008, 101(2): 295-306.

[122] Zeng R J, van Loosdrecht M C M, Yuan Z G, et al. Metabolic model for glycogen-accumulating organisms in anaerobic/aerobic activated sludge systems[J]. Biotechnology and Bioengineering, 2003, 81(1): 92-105.

[123] Acevedo B, Oehmen A, Carvalho G, et al. Metabolic shift of polyphosphate-accumulating organisms with different levels of polyphosphate storage[J]. Water Research, 2012, 46(6): 1889-1900.

[124] Acevedo B, Borras L, Oehmen A, et al. Modelling the metabolic shift of polyphosphate-accumulating organisms[J]. Water Research, 2014, 65: 235-244.

[125] Zhang C C, Guisasola A, Baeza J A. A review on the integration of mainstream P-recovery strategies with enhanced biological phosphorus removal[J]. Water Research, 2022, 212: 118102.

[126] Di Capua F, de Sario S, Ferraro A, et al. Phosphorous removal and recovery from urban wastewater: Current practices and new directions[J]. Science of The Total Environment, 2022, 823: 153750.

[127] Erdal U G, Erdal Z K, Daigger G T, et al. Is it PAO-GAO competition or metabolic shift in EBPR system? Evidence from an experimental study[J]. Water Science and Technology, 2008, 58(6): 1329-1334.

[128] Zhou Y, Pijuan M, Zeng R J, et al. Could polyphosphate-accumulating organisms (PAOs) be glycogen-accumulating organisms (GAOs)?[J]. Water Research, 2008, 42(10-11):

2361-2368.

[129] Tu Y, Schuler A J. Low acetate concentrations favor polyphosphate-accumulating organisms over glycogen-accumulating organisms in enhanced biological phosphorus removal from wastewater[J]. Environmental Science & Technology, 2013, 47(8): 3816-3824.

[130] Zaman M, Kim M, Nakhla G. Simultaneous nitrification-denitrifying phosphorus removal (SNDPR) at low DO for treating carbon-limited municipal wastewater[J]. Sci Total Environ, 2021, 760: 143387.

[131] Dan Q, Peng Y, Wang B, et al. Side-stream phosphorus famine selectively strengthens glycogen accumulating organisms (GAOs) for advanced nutrient removal in an anaerobic-aerobic-anoxic system[J]. Chemical Engineering Journal, 2021, 420: 129554.

[132] Meng Q, Zeng W, Wang B, et al. New insights in the competition of polyphosphate-accumulating organisms and glycogen-accumulating organisms under glycogen accumulating metabolism with trace Poly-P using flow cytometry[J]. Chemical Engineering Journal, 2020, 385: 123915.

[133] Zhu Z, Zhang Y, Hu L, et al. Phosphorus recovery from municipal wastewater with improvement of denitrifying phosphorus uptake based on a novel AAO-SBSPR process[J]. Chemical Engineering Journal, 2021, 417: 127907.

[134] Liu Y, Jin J H, Liu Y H, et al. Dongia mobilis gen. nov., sp nov., a new member of the family Rhodospirillaceae isolated from a sequencing batch reactor for treatment of malachite green effluent[J]. International Journal of Systematic and Evolutionary Microbiology, 2010, 60: 2780-2785.

[135] Welles L, Lopez-Vazquez C M, Hooijmans C M, et al. Prevalence of 'Candidatus Accumulibacter phosphatis' type Ⅱ under phosphate limiting conditions[J]. Amb Express, 2016, 6: 44.

[136] Acevedo B, Murgui M, Borrás L, et al. New insights in the metabolic behaviour of PAO under negligible poly-P reserves[J]. Chemical Engineering Journal, 2017, 311: 82-90.

[137] Wang X, Wang S, Zhao J, et al. A novel stoichiometries methodology to quantify functional microorganisms in simultaneous (partial) nitrification-endogenous denitrification and phosphorus removal (SNEDPR)[J]. Water Res, 2016, 95: 319-329.

[138] Xie S, Zhao J, Zhang Q, et al. Improvement of the performance of simultaneous nitrification denitrification and phosphorus removal (SNDPR) system by nitrite stress[J]. Sci Total Environ, 2021, 788: 147825.

[139] Hu B, Wang Y, Quan J, et al. Effects of static magnetic field on the performances of anoxic/oxic sequencing batch reactor[J]. Bioresour Technol, 2020, 309: 123299.

[140] Izadi P, Izadi P, Eldyasti A. A review of biochemical diversity and metabolic modeling of EBPR process under specific environmental conditions and carbon source availability[J]. Journal of Environmental Management, 2021, 288: 112362.

[141] Li Y, Wang S, Wu Y, et al. Characterization of extracellular phosphorus in enhanced biological phosphorus removal granular sludge[J]. Desalination and Water Treatment, 2021, 218: 260-269.

[142] Wang S, Li Z, Wang D, et al. Performance and population structure of two carbon sources granular enhanced biological phosphorus removal systems at low temperature[J]. Bioresour Technol, 2020, 300: 122683.

[143] Nguyen Quoc B, Wei S, Armenta M, et al. Aerobic granular sludge: Impact of size distribution on nitrification capacity[J]. Water Res, 2021, 188: 116445.

[144] Peng H, Guo J, Li H, et al. Granulation and response of anaerobic granular sludge to allicin stress while treating allicin-containing wastewater[J]. Biochemical Engineering Journal, 2021, 169: 10797.

[145] Cai F, Lei L, Li Y, et al. A review of aerobic granular sludge (AGS) treating recalcitrant wastewater: Refractory organics removal mechanism, application and prospect[J]. Science of the Total Environment, 2021, 782: 146852.

[146] Wang F, Lu S, Wei Y, et al. Characteristics of aerobic granule and nitrogen and phosphorus removal in a SBR[J]. Journal of Hazardous Materials, 2009, 164(2-3): 1223-1227.

[147] He Q L, Song Q, Zhang S L, et al. Simultaneous nitrification, denitrification and phosphorus removal in an aerobic granular sequencing batch reactor with mixed carbon sources: Reactor performance, extracellular polymeric substances and microbial successions[J]. Chemical Engineering Journal, 2018, 331: 841-849.

[148] He Q, Zhang S, Zou Z, et al. Unraveling characteristics of simultaneous nitrification, denitrification and phosphorus removal (SNDPR) in an aerobic granular sequencing batch reactor[J]. Bioresour Technol, 2016, 220: 651-655.

[149] Pronk M, de Kreuk M K, de Bruin B, et al. Full scale performance of the aerobic granular sludge process for sewage treatment[J]. Water Res, 2015, 84: 207-217.

[150] Jiang L, Liu Y, Guo F, et al. Evaluation of nutrient removal performance and resource recovery potential of anaerobic/anoxic/aerobic membrane bioreactor with limited aeration[J]. Bioresour Technol, 2021, 340: 125728.

[151] Vakondios N, Koukouraki E E, Diamadopoulos E. Effluent organic matter (EfOM) characterization by simultaneous measurement of proteins and humic matter[J]. Water Res, 2014, 63: 62-70.

[152] Klein E, Weiler J, Wagner M, et al. Enrichment of phosphate-accumulating organisms (PAOs) in a microfluidic model biofilm system by mimicking a typical aerobic granular sludge feast/famine regime[J]. Applied Microbiology and Biotechnology, 2022, 106(3): 1313-1324.

[153] Winkler M K H, van Loosdrecht M C M. Intensifying existing urban wastewater[J]. Science, 2022, 375(6579): 377-378.

[154] 何秋来. 厌氧/好氧/缺氧同步硝化反硝化除磷颗粒污泥系统构建及强化策略研究[D]. 武汉:

武汉大学, 2019.

[155] Wang Y, Qin J, Zhou S, et al. Identification of the function of extracellular polymeric substances (EPS) in denitrifying phosphorus removal sludge in the presence of copper ion[J]. Water Research, 2015, 73: 252-264.

[156] Liu X M, Sheng G P, Luo H W, et al. Contribution of extracellular polymeric substances (EPS) to the sludge aggregation[J]. Environmental Science & Technology, 2010, 44(11): 4355-4360.

[157] Chen W, Westerhoff P, Leenheer J A, et al. Fluorescence excitation-Emission matrix regional integration to quantify spectra for dissolved organic matter[J]. Environmental Science & Technology, 2003, 37(24): 5701-5710.

[158] Qu F, Liang H, He J, et al. Characterization of dissolved extracellular organic matter (dEOM) and bound extracellular organic matter (bEOM) of Microcystis aeruginosa and their impacts on UF membrane fouling[J]. Water Research, 2012, 46(9): 2881-2890.

[159] Sheng G P, Yu H Q. Characterization of extracellular polymeric substances of aerobic and anaerobic sludge using three-dimensional excitation and emission matrix fluorescence spectroscopy[J]. Water Research, 2006, 40(6): 1233-1239.

[160] He Q, Chen L, Zhang S, et al. Simultaneous nitrification, denitrification and phosphorus removal in aerobic granular sequencing batch reactors with high aeration intensity: Impact of aeration time[J]. Bioresource Technology, 2018, 263: 214-222.

[161] Kowalkowski T, Krakowska A, Zloch M, et al. Cadmium-affected synthesis of exopolysaccharides by rhizosphere bacteria[J]. Journal of Applied Microbiology, 2019, 127(3): 713-723.

[162] Xu G, Peng J, Feng C, et al. Evaluation of simultaneous autotrophic and heterotrophic denitrification processes and bacterial community structure analysis[J]. Applied Microbiology and Biotechnology, 2015, 99(15): 6527-6536.

[163] Wei S P, Bao Nguyen Q, Shapiro M, et al. Application of aerobic kenaf granules for biological nutrient removal in a full-scale continuous flow activated sludge system[J]. Chemosphere, 2021, 271: 129522.

[164] Bao Nguyen Q, Armenta M, Carter J A, et al. An investigation into the optimal granular sludge size for simultaneous nitrogen and phosphate removal[J]. Water Research, 2021, 198: 117119.

[165] Liu G, Wang J. Quantifying the chronic effect of low DO on the nitrification process[J]. Chemosphere, 2015, 141: 19-25.

[166] Wei S P, Stensel H D, Ziels R M, et al. Partitioning of nutrient removal contribution between granules and flocs in a hybrid granular activated sludge system[J]. Water Res, 2021, 203: 117514.

[167] He Q, Zhang W, Zhang S, et al. Enanced nitrogen removal in an aerobic granular sequencing

batch reactor performing simultaneous nitrification, endogenous denitrification and phosphorus removal with low superficial gas velocity[J]. Chemical Engineering Journal, 2017, 326: 1223-1231.

[168] Zouhri W, Homri L, Dantan J Y. Handling the impact of feature uncertainties on SVM: A robust approach based on Sobol sensitivity analysis[J]. Expert Systems with Applications, 2022, 189: 115691.

[169] Liu Y, Peng L, Chen X, et al. Mathematical modeling of nitrous oxide production during denitrifying phosphorus removal process[J]. Environ Sci Technol, 2015, 49(14): 8595-8601.

[170] Ni B J, Yuan Z, Chandran K, et al. Evaluating four mathematical models for nitrous oxide production by autotrophic ammonia-oxidizing bacteria[J]. Biotechnol Bioeng, 2013, 110(1): 153-163.

[171] Ni B J, Peng L, Law Y, et al. Modeling of nitrous oxide production by autotrophic ammonia-oxidizing bacteria with multiple production pathways[J]. Environmental Science & Technology, 2014, 48(7): 3916-3924.

[172] Majed N, Gu A Z. Phenotypic dynamics in polyphosphate and glycogen accumulating organisms in response to varying influent C/P ratios in EBPR systems[J]. Science of The Total Environment, 2020, 743: 140603.

[173] Panswad T, Doungchai A, Anotai J. Temperature effect on microbial community of enhanced biological phosphorus removal system[J]. Water Research, 2003, 37(2): 409-415.

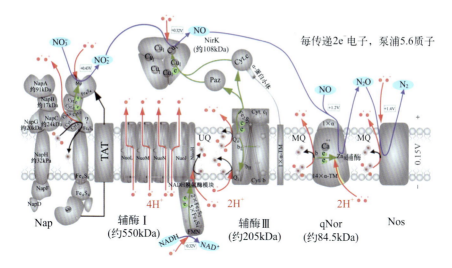

图 1-3 反硝化电子传递链

NapA—周质硝酸盐还原酶 A；NapB—周质硝酸盐还原酶 B；NapC—周质硝酸盐还原酶 C；NapD—周质硝酸盐还原酶 D；NapF—周质硝酸盐还原酶 F；NapG—周质硝酸盐还原酶 G；NapH—周质硝酸盐还原酶 H；TAT—双精氨酸转运；Mo—钼；NirK—铜型亚硝酸盐还原酶；qNor—醌型一氧化氮还原酶；UQ、MQ—醌池；Cyt. c—细胞色素 c；Cyt. c_1—细胞色素 c_1；Cyt. b 细胞色素 b；Paz—假天青蛋白；FMN—黄烷单核苷酸；NuoL—基因编码 NuoL；NuoM—基因编码 NuoM；NuoN—基因编码 NuoN；NuoJ—基因编码 NuoJ；NuoH—基因编码 NuoH；α—表示数量，无实意；b、b_3 b_L、b_H Q_i、Q_o—无实意，表示过程；NADH—还原型烟酰胺腺嘌呤二核苷酸；NAD^+—氧化型烟酰胺腺嘌呤二核苷酸；αTM—α-螺旋跨膜蛋白

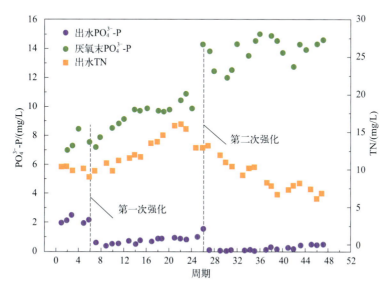

图 2-5 强化除磷对系统氮磷去除的影响

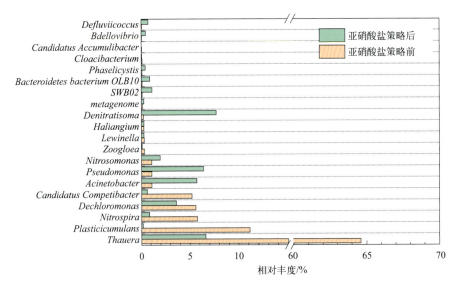

图 3-5 亚硝酸盐策略前后系统微生物群落属水平相对丰度

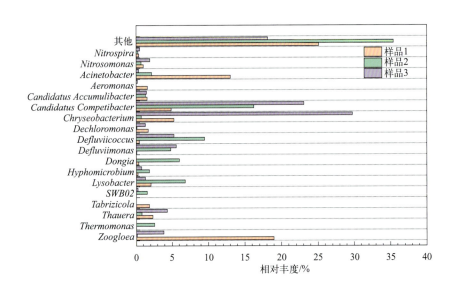

图 4-8 磷剥夺前中后系统微生物相对丰度

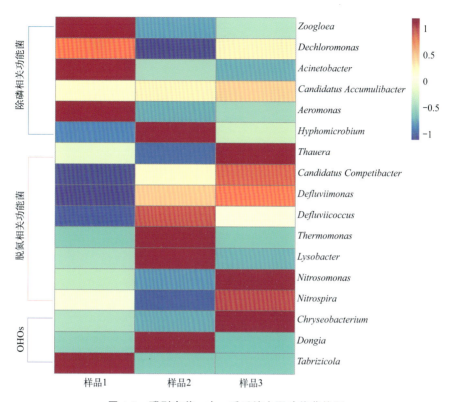

图 4-9 磷剥夺前、中、后系统主要功能菌热图

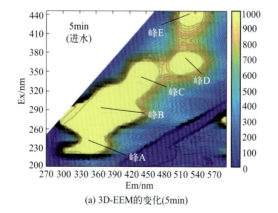

(a) 3D-EEM的变化(5min)

图 6-2

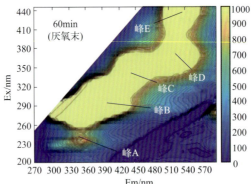
(b) 3D-EEM的变化(60min)

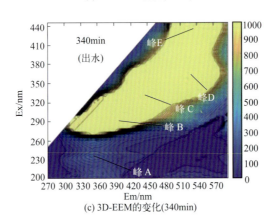
(c) 3D-EEM的变化(340min)

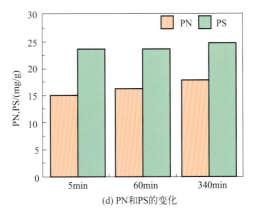
(d) PN和PS的变化

图 6-2　典型周期内 EPS 的变化

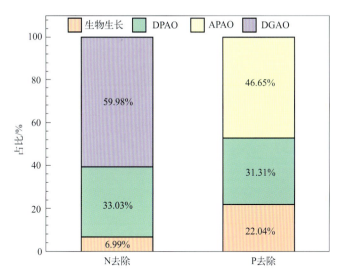

图 6-7　各个功能菌对系统氮磷去除的贡献率

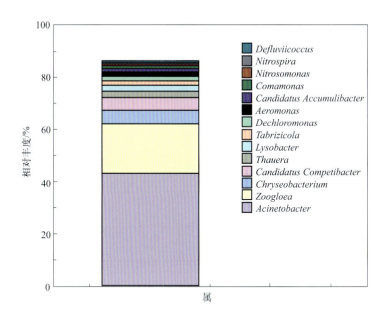

图 6-8　系统属水平上微生物相对丰度

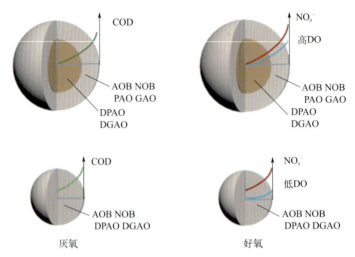

图 6-9 不同粒径下 DO、COD 和 NO_x^- 的扩散情况

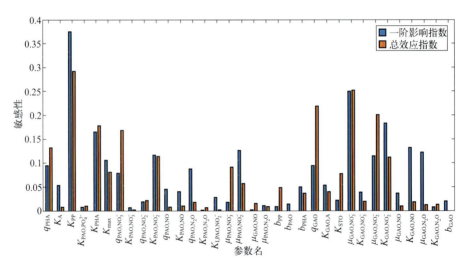

图 7-1 案例 7 中厌氧过程、内源反硝化及聚磷过程参数敏感性分析

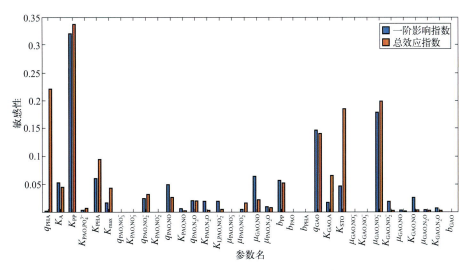

图 7-2　案例 8 中厌氧过程、内源反硝化及聚磷过程参数敏感性分析

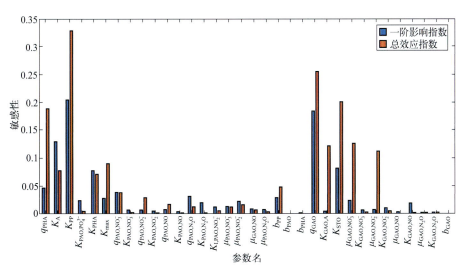

图 7-3　案例 9 中厌氧过程、内源反硝化及聚磷过程参数敏感性分析

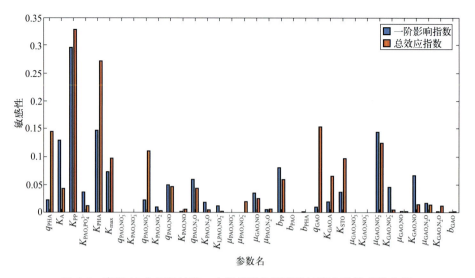

图 7-4　案例 10 中厌氧过程、内源反硝化及聚磷过程参数敏感性分析

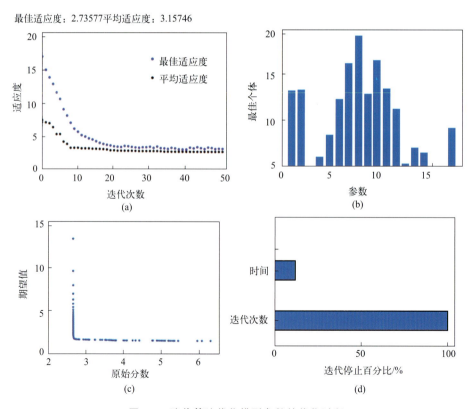

图 7-5　遗传算法优化模型参数的优化过程

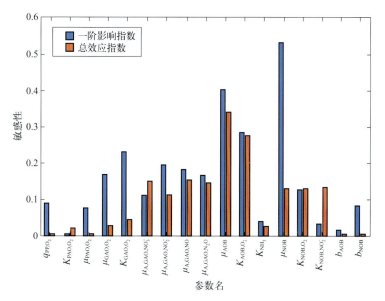

图 7-6 案例 1 关键参数的敏感性分析

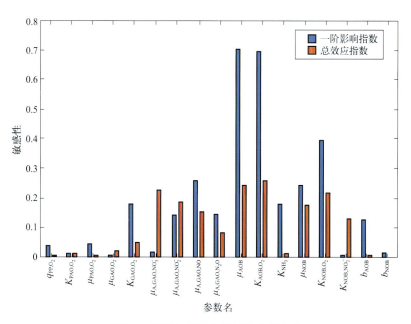

图 7-7 案例 2 关键参数的敏感性分析

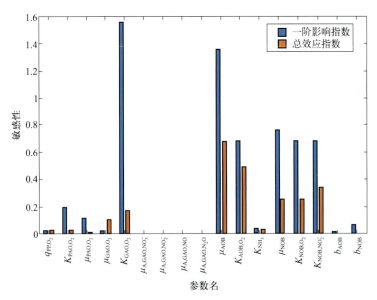

图 7-8　案例 3 关键参数的敏感性分析

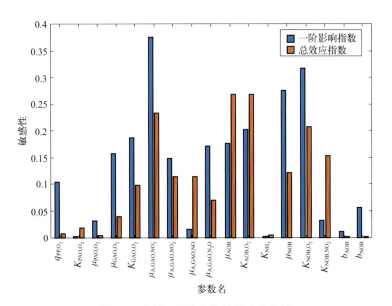

图 7-9　案例 4 关键参数的敏感性分析

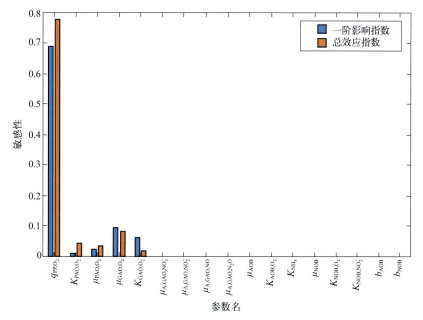

图 7-10 案例 5 关键参数的敏感性分析

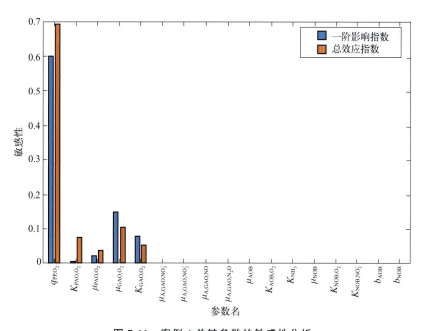

图 7-11 案例 6 关键参数的敏感性分析

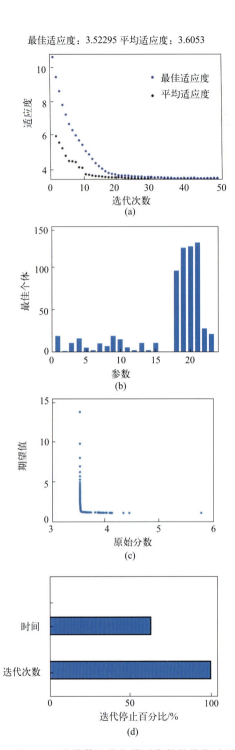

图 7-12 遗传算法优化模型参数的优化过程

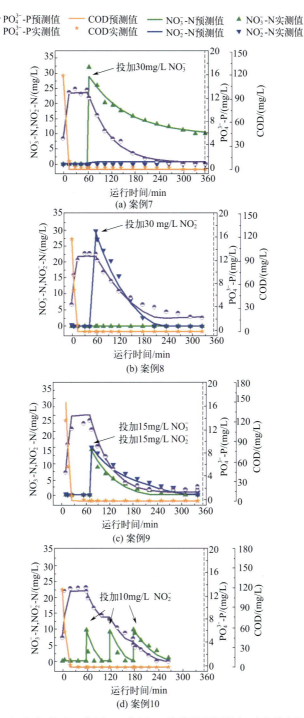

图 7-13 An/A 运行模式下案例 7～案例 10 的模型预测值与对应的实际测量值

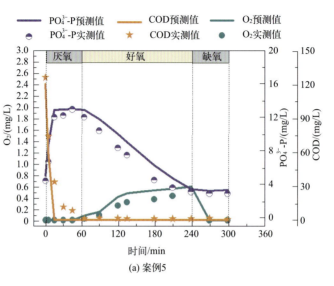

(a) 案例5

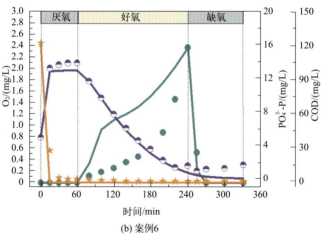

(b) 案例6

图 7-14　An/MO 运行模式下案例 5 和案例 6 的模型预测值与对应的实际测量值

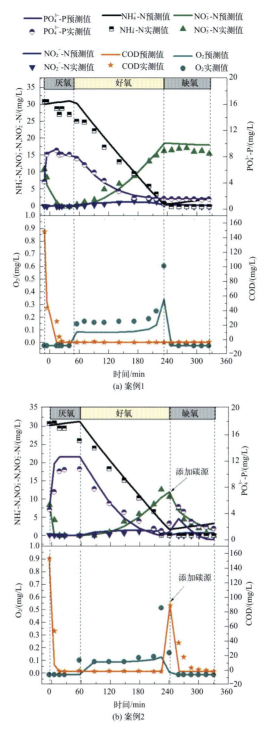

图 7-15 案例 1 和案例 2（An/MO/A 模式，碳氮比为 5）的模型预测值与实际测量值

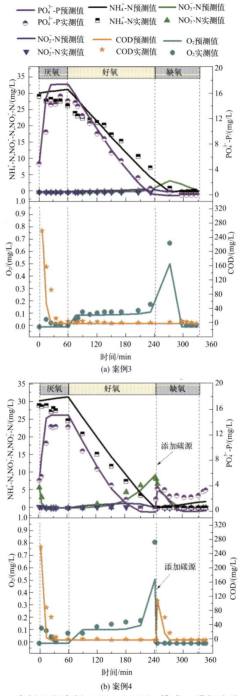

图 7-16 案例 3 和案例 4（An/MO/A 模式，碳氮比为 7）的模型预测值与对应的实际测量值

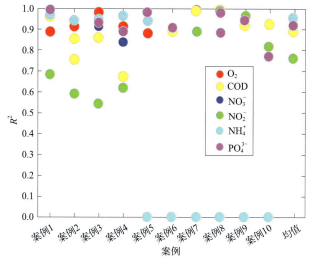

图 7-17 不同试验案例不同污染物模型拟合结果的 R^2

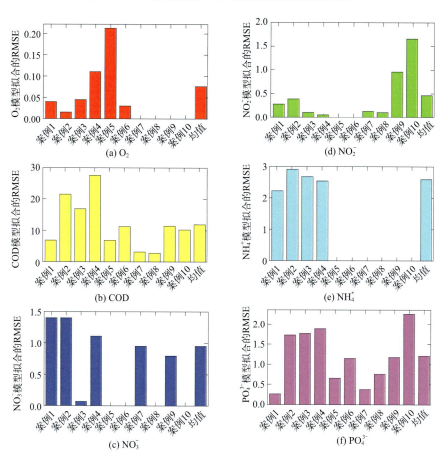

图 7-18 不同试验案例不同污染物模型拟合结果的 RMSE

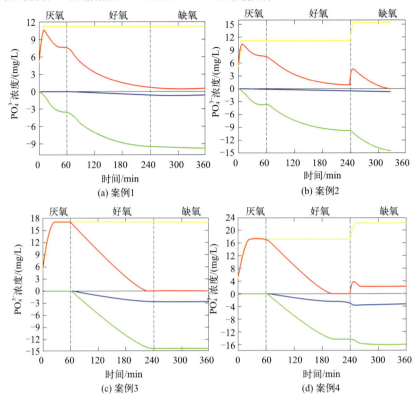

图 7-19 SNDPR 系统在不同的试验案例下 PAOs 的除磷情况